THEORY & PRACTICE
当代中国风格时尚设计的知与行
Theory and practice of Contemporary Chinese Style and Fashion Design

主　编　卞向阳
副主编　王　晶
编　纂　上海纺织服饰博物馆

东华大学出版社
·上海·

序 言
PREFACE

  服饰时尚是文化的象征、社会的缩影，中华文化五千年源远流长、绵延不息，而服饰文化作为浩瀚如海的中华文化的杰出代表，不仅承袭了中华民族优秀的文明血脉，也通过各种中外交流，尤其是丝绸之路，在全世界产生了广泛的影响。和中华文化一样，中国的服饰从来就是一个吐故纳新、鲜活生动的生态体系。近代中国在向西方学习的过程中，宽容地接纳了西方服饰体系，同时也创造出旗袍、中山装等"新中装"。在当今新时代，我们更加需要"加强对中华优秀传统文化的挖掘和阐发，使中华民族最基本的文化基因与当代文化相适应、与现代社会相协调，把跨越时空、超越国界、富有永恒魅力、具有当代价值的文化精神弘扬起来"，创造出中国风格的新时尚。

  自20世纪80年代以来，中国服装界从来就没有停止过关于民族化和国际化的理论探索和设计实践，尤其是党的十八大以来，随着中国文化自信的逐步增强，社会和行业对于中国风格时尚给予了越来越多的期待和关注。有鉴于此，笔者携上海纺织服饰博物馆先后于 2015 年和 2019 年组织实施了两届"当代中国风格时尚设计大展"系列活动，从学术角度对中国风格时尚设计进行理论研讨并组织作品展示。此后，以 2019 年展览系列活动的理论研讨和展示作品为基础，经过进一步梳理，现以《当代中国风格时尚设计的知与行》之名编撰成书，呈现于此。

本书分为两大部分：理论研究和实践探索。实际上，理论研究部分不乏很多设计案例，实践探索部分亦有创作理念总结，这也充分体现了本书的主要特色，那就是对当代中国风格时尚设计知行合一的全面解读。

理论研究部分，主要为三位来自杭、苏、沪地区的大学教授的观点。中国美术学院吴海燕教授不仅是"学院派"时装设计师的典型代表，而且是国家社科基金艺术学重大项目"东方设计学理论构建研究"的主持人。她从图说起，以图论道，用图设计，主张中国风格设计的开放、跨界、全系统构建，提出中国设计首先要入境、入情、入术、入礼，最后才可以形成风景。苏州大学李超德教授主持国家社科基金艺术学重大项目"设计美学研究"，横跨教育、作画、收藏三界，从东方美学与时尚研究开始，讲传统文化与时尚设计，论中西方美学表现及内涵，再到中国风格时尚的分析。笔者作为东华大学的上海纺织服饰博物馆馆长和艺术理论学科带头人，学术圆心为服饰史论，研究边界跨越时尚文化、时尚产业和时尚城市；对比西方"中国风"和当代中国风格，论述当代中国风格服饰设计的文化逻辑与设计导向；进一步研判中国风格时尚设计于国家文化形象、民族文化自信的作用。

实践探索部分，集中了行走于中国风格设计前沿的七位设计师的创作心得和作品，其中有三位设计师四次获得中国时装设计界的最高奖项"金顶奖"。两次荣获"金顶奖"的张肇达先生兼具设计师和艺术家身份，结合《中国衹》系列作品，从中西对比的角度，梳理文化立意、东方美学、创意设计，结合当代时尚美学设计表现，提出从空间关系、时间窗口、情景为主导、开放观者视觉位置四个方面进行融合和提炼中国风格视觉创作的要诀。"金顶奖"时装设计师陈闻先生多年来坚持旅行油画创作和以牛仔材料为基础的时装设计，他从中西设计的对立和融合出发，结合自己的创作经历，宣扬匠心精神的坚持与传承以及来自于传统的原创自信，并以创造性思维进行中国风格的当代阐述。"金顶奖"获得者赵卉洲女士和周胜先生是分别执掌艺之卉品牌设计和经营的一对伉俪，他们以"艺之卉"的成长为例，描述了当代中国时尚品牌对东方风格的理解、对中国风格的营造，以及对于中国设计走向世界的展望。陈野槐女士学成于北京，成名于纽约，回归于上海，把中国风视为一种精神，以"静、深、富"的审美哲学，以时尚之眼看待世界，用设计发觉美的共性与本质，打造服装与人的精神和谐。程应奋女士致力于将艾德莱斯非遗传承活化在当下，她详述新疆维吾尔自治区特色非遗艾德莱斯绸的特点，分析其传承现状，提出当代"艾德莱斯出天山"的思想，将设计与非遗传承、民生相结合，让设计充满温度。屈汀南先生作为广绣传人，从"四大名绣"之一的粤绣与广绣的关系切入，梳理广绣的历史源流，分析广绣非遗传承的困境，提出以文创产品融合非遗传承与创意、以设计将传统表现于时尚的广绣非遗传承思路。

  设计的根本目的是为人民服务。新时代的中国时尚，"国潮"迭起，期待当代中国风格时尚设计在理论上进一步走向完善，在实践上多出佳作，以传承五千年中华文明，展现当代中国时尚新貌，为中国风格时尚设计这一时代命题交上使人民满意的答卷。

卞向阳 博士

东华大学教授、博导，上海纺织服饰博物馆馆长
中国服装设计师协会副主席
上海时尚之都促进中心主任
2021 年 11 月

目 录
CONTENTS

第一部分
理论研究

吴海燕
图说·图论·图用——东方美学的研究
002

李超德
时尚与流行背后有没有学术
018

卞向阳
当代中国风格服饰设计的文化逻辑与设计思维
028

第二部分

实践探索

张肇达
东方美学的设计体现
048

陈 闻
东西——从服饰看东西方文化对比碰撞
060

赵卉洲　周 胜
全球背景下的中国风格的探索
088

陈野槐
时尚审美哲学：
静、深、富
104

程应奋
艾德莱斯——
非遗，活在当下
116

屈汀南
非遗广绣与当代生活
130

后 记

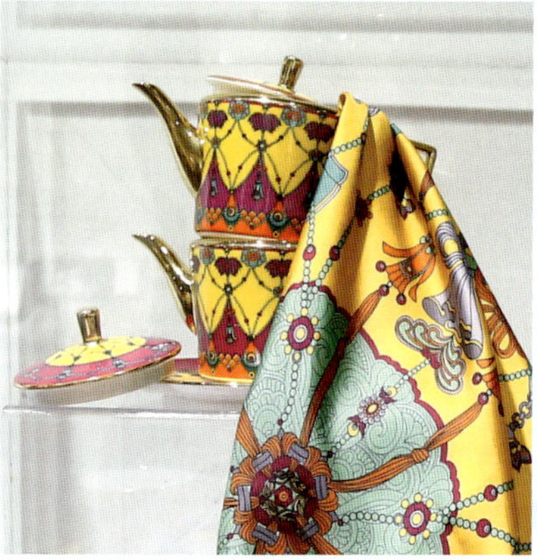
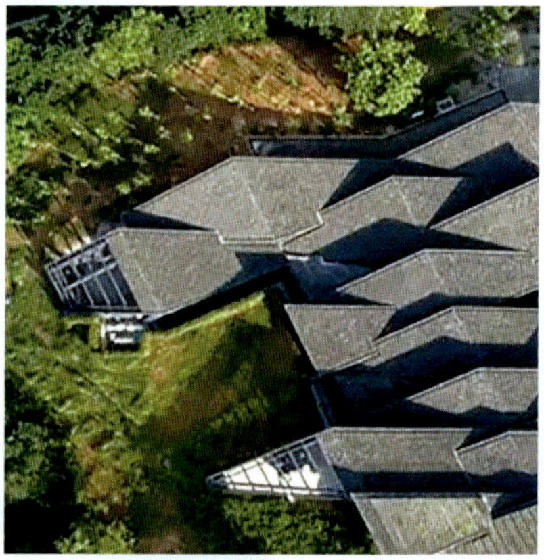
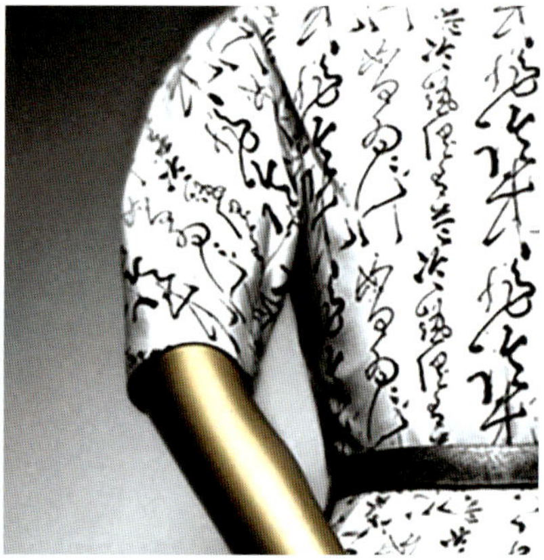

第一部分 理论研究

图说·图论·图用
——东方美学的研究

吴海燕

吴海燕,中国美术学院教授、博导,纺织服装研究院院长
2001年度"中国时装设计金顶奖"获得者

改革开放至今，关于"当代中国风格时尚设计的构建"的话题，国内已有近四十年的研讨历程。在这个过程当中，近年来"弘扬工匠精神""厚植工匠文化""艺术高品质的发展"多被提及。笔者曾在贵州、广西等地进行实地考察，发现当地大量的手工技艺、技术都发展到了一定程度，但其实际操作者却对图案的涵义一无所知，这也是当代中国风格时尚设计的构建中令人缺憾的地方。

一、有关"图"的演化

"图"承载了整个社会的文化发展，同时"图"也是对人们生活、生产的记录。呈现中国风格构建的图有很多，现在青年人生活中的任意细节都有很多关于中国风格构建的图。因此，图本身就具备了特定历史文化发展的特征。

从为己所用的角度看，人们以视觉认识自然界的任何事物，以手绘图的方式记录下来，这是平面化和抽象化的过程。当人们从形象符号的角度认识上述这些图的时候，就会把图转化为图案，这是再次抽象化的过程，是形式化和象征化的过程。

从文化生活的角度认识图案，人们将图案转化为用品的形式，完成从抽象化到具象化的过程，也是从形象化到物化的一个过程。实物本身以图、图案、用品的方式进入上述转化过程。

当图案既包括书面形式的图案，也包括思维中与用品密不可分的图案时，艺术设计就开始成为一个独立的学科和不可或缺的技术，这就是图案演化过程。外国友人说："中国的图案是你们的金山银山。"就笔者看来，中国图案的发展仍然没有中断，陈之佛先生的学生是邓白先生，再下面就是我们这一代，下面还有更年轻的一代。我们的课程没有断，而且它更精炼了。

二、中国风格时尚设计的构建

构建中国风格的设计入道，既包括中国风格的造图、造物、造型，也包含考虑了图案与科学、图案与生活的关系下想象创新的潜能，是逐步构建的开放、跨界、全系统的学科。中国风格时尚的发展与科技发展、生活方式及中国风格的设计入道等都有一定的相关性。

（一）中国风格时尚与科技发展

科学技术在狩猎时代、农耕时代、工业时代、互联网时代中都是不断发展的。狩猎时代，人为物而战；农耕时代，产生模仿系统、图案系统，它们完全为人所用。一些西方学者认为这个时期的中国只讲究"好看"，从来不从"人"出发，实际上并非如此，其实中国很早就提出了"为人所用"的概念。五千年来，中国所有的工艺技术和衣食住行都是为人所用。到了工业时代，才提出"设计"这个词。随着机械技术的迅速发展，火车、汽车等纷纷问世。互联网时代，中国又提出全域系统、科学技术、宇宙太空等概念。

中国传统风格的推陈出新，中国风格的设计入道，围绕"以人为本""生活美好""科技为品质"等诉求而展开。图案与科学生活的关系，需要用科技解读。用科技解读自然，就会发现自然多式、多样、多面的无限形状。例如，人工智能技术可以创造出无限的图形元素，人类能根据自我的爱好，享受创意带来的丰富图形，利用人工智能技术设计出多方位、多透视、多层面的图案。浙江大学曾研究出一个多维、多面、多镜像万花筒一样可以产出非常多图形的系统和体系，但这些图形终是流于机械呆板，不如人工绘画具有灵活性。另一方面，当纹样遇上先进的镭射激光、闪光、影像技术也能进行创新。人类用先进的创意带来丰富的资源，将生活装点得更美好。

（二）中国风格时尚与生活方式

如果把农耕时代的图案系统罗列出来，可以发现中国人是注重"为己所用"的。农耕时代提出："丝麻为衣，茶米为食。"清代壁画《百工图》展示了种茶、养茶、炒茶、喝茶、饮茶、斗茶等，里面就呈现出很多日常生活画面。河南有一座东汉墓穴，墓主生前可能是一个宫廷大厨，入口两边的壁画全部都是餐饮的画面，展示了餐、肉、鸭的制作过程，而且砖上有东汉的画像记录。可惜的是，没有中国人做这方面的研究。"丝麻为衣，茶米为食。竹木为用，灵泉为居。"这所有的一切都是东方人提出"为己所用"的一系列技术和背景。

中国美术学院范景中教授出版过一本《中华竹韵》，值得我们反复阅读，因为每次阅读都会有新的想法和创意萌生。中国文化最大的特点是成语和图形两者并行往前发展，仅仅是"竹子"这一意象就衍生出许多的成语和图形。再比如，农耕时代的婚嫁、节日都要研究出行的黄历，天地朝阳，图文并茂，寓意吉祥人生。仅仅是"寿"字就有许多相关成语,如"寿比南山""万寿无疆""福禄寿喜",有关"寿"字背后更有无限的图案可以进行创意,这些都反映着中国人的思维和生活方式。

(三)中国风格的设计入道

不光西方有设计入道,中国本就有设计入道。中国独特的设计入道即为"中国风格的设计入道"。中国的设计首先要入境、入情、入术、入礼,最后才可以形成风景。

第一,入境。也称作领域,境遇入境。中国人最大的一个天地之境,即大的场域,包括人流、风流、水流等。中国人所谓"入境"的"境",最后形成"风景"的"景"。"入境"的意思是,所有做设计的人要兼具全球视野、熟悉文化特色、了解学科领域、掌握专业领域。要设计入道,就一定要掌握好"入境"的这四个要点,如地球的境域,包括东南西北板块地域、区域;社会境域,包括阶层、城市结构人群、行业、文化、记忆等。

"入境"在纺织服装领域,需要设计的六界联动。设计趋势的协同创新包括:基础研究、人群、生活、品牌、商业模式。"商业模式"方面又提出了"艺术营商",每个品牌、整个产业链都要"入境"。

第二,入情。没有情,就没有办法做设计,有感情、情怀、共鸣、责任,才可以做设计。入情做一件事,即为心、脑、眼、手的共鸣。中国人讲全域的境,里面要有动静结合,心、脑、眼、手四感聚焦,要养心、会心,这就是中国人设计入道的方法。

第三，入术。技术能力、造图造物、精益求精、静心养心、重复历练、熟能生巧、透彻心知、十拿九稳等就是设计过程中的"术"。

第四，入理。道深悟诚、实践真知、积累真理、升华情操就能真正地做理论。做理论的人，一定要思想出新。如果思想不出新，就永远只是资料的堆砌、整合、再整合。做理论，要善于升华实践中的真知，关键是思想出新、观念创新。世界上最创新、最重要的是思想与传统的开拓创新。

第五，入景。上述四点达成后即能成器成品，设计里面有道有情、有技有术、有章有法、有理有道。关于"风景独好"，只有独特的风流、气流、水流才能融合气场，独树一帜就是突破平庸、普通。让一个人变得不平庸、不普通、不基本的关键是一定要独特，如风格的创新、点线面的创意、美学法则的系统整合等。无论是当设计师、老师，还是做品牌，从入理变成一个非常全域的系统，都有一个独特的入境到入景的过程。

入境入情要围绕造图、造物、造境，有原型才可以升华到图形，有图形才可以升华到图案，有图案才能结合工艺材料，进入到纹样设计，这是第一个阶段。第二个阶段，是造物。第三个阶段，是环境。例如《法海寺壁画》里面的璎珞，不仅可以做成衍生品，还可以通过设计创新形成一个全域的生活系统。"东方盛世"系列产品设计灵感即源于北京法海寺壁画，设计师对精美壁画中各种古典图案进行探究、创意创新，进一步设计用物，以今日时尚之本、之形、之色、之理等，载以数千年历史传承的中国丝与瓷，通过礼品形制、图案与工艺设计，将文化活化其中，践行和推动具有东方设计特色的生活，是一次活化的创新、文化的提升、生活的丰盈。

又比如在"山水云竹"系列产品设计中，其核心图案初始于设计师对传统文化活化的倡导、对自然山水的眷恋、对人与自然和谐共处的神往和对天地可持续环境共生关系的思考。在视觉文化上，设计师将自然宁静致远的意境、传统文化的精髓与当下生活需求融合，形成融合"自然原形、创意图形、美学图案、技艺纹样"的全域系统设计，构建了"传统活化、设计转化、东方范式"这一可应用于当下生活的中国风格设计模式。

鉴于此，设计的第一个阶段要深入挖掘核心元素，通过原形、图形、图案变成最后的纹样，即着眼于图与形、图与色、图与材、图与技，还有人与物、材与物、技与物。从图形的转化到图案的转化，再到纹样转化、物的转化，是一个非常庞大的系统，在这个过程当中还有造景，包含人与物、风流、水流、气流等要素独具风格的"天人合一"，以达到浑然天成的设计效果。图形在传统服装造型当中也是具有特色和变化的，原来的造型在不断变化。在服装设计中，在原点移动以后，衣服拉展呈现当代结构，同时也是流行的结构。

中国风格的设计入道需要构建开放、跨界全域系统的学科。人类谋事、造物无非是基于生活、思想、情感所派生出来的学科，所以设计学如何与多类学科进行跨界融合是一个值得研究的课题。艺术家和科技工作者在合作，艺术和哲学合作变成设计艺术，设计经济学成为一个新型的学科，甚至医学也可以和美学、设计组合在一起。

中国风格的设计入道饱含着东方智慧，这些智慧涵盖了匠心应对的设计观、文化应对的系统观、历史应对的整体观、全域观应对的中国人的生活方式。当代中国风格时尚的设计建构需要以设计战略为先，结合设计服务和设计科学，来进行东方学全域系统的模型构建。

"东方盛世"系列作品设计灵感源于北京法海寺壁画，设计师通过对精美壁画中各种古典图案的探究，创意创新、设计用物，以今日时尚之本、之形、之色、之理等，载以数千年历史传承的中国丝与瓷，通过礼品形制、图案与工艺将文化活化于其中，践行和推动具有东方设计特色的生活，是一次活化的创新、文化的提升、生活的丰盈（图1～图6）。

作品主题

东方盛世

图1 "东方盛世"系列作品
（吴海燕提供）

图 2 "锦衣载道——当代中国风格时尚设计大展"吴海燕作品展示 1
（摄影：田占国）

图 3 "锦衣载道——当代中国风格时尚设计大展"吴海燕作品展示 2
（摄影：田占国）

图4 "锦衣载道——当代中国风格时尚设计大展"吴海燕作品展示3
（摄影：田占国）

图5 "锦衣载道——当代中国风格时尚设计大展"吴海燕作品局部
（摄影：田占国）

图6 "锦衣载道——当代中国风格时尚设计大展"吴海燕作品展示4
（摄影：田占国）

作品主题

"弧光"
聚变

"弧光"聚变系列作品灵感来源于中国的良渚文化。良渚文化是中华五千年文明的曙光,更是人类延绵不断的时尚基因。吴海燕以良渚玉器文化标志性的"神人兽面"图案为基础,将玉器的尊贵、图案的神秘、造型的灵动、材质的精致,与如今高品质发展的格局、时尚旗袍的流行、图形图案与纹样的创意、丝绸质感与高科技数码提花工艺有机融合,共同演绎世界文化遗产的活化、传承与创新,用时尚引领理念和方法,开拓超越时空的良渚文化与当代时尚"弧光"聚变(图7～图10)。

图7 "'弧光'聚变"作品1
(摄影:田占国)

图8 "'弧光'聚变"作品2
（摄影：田占国）

图说·图论·图用——东方美学的研究　017

图9 "'弧光'聚变"作品3
（摄影：田占国）

图10 "'弧光'聚变"作品4
（摄影：田占国）

时尚与流行背后有没有学术

李 超 德

李超德，苏州大学教授、博导，苏州大学博物馆馆长

声名显赫的文化学者刘梦溪在《大师与传统》一书中说"流行与时尚，应该与学术大师无缘"。他说这句话是相对于傅斯年、王国维和陈寅恪这些实至名归的学术大师而言的，我对他们深怀崇敬。但从中可以看出如刘梦溪这般的文化学者是看不起时尚与流行的应用型研究的。毋庸讳言，流行与时尚是易变的，面对纷繁复杂的流行现象，我们有时无法在短时间内构建起严谨的学术研究框架。但是，用学术的视野去认识时尚背后的深层意义，并分析其关乎时代、文化、民族、人的心理的理论意义却是能够做到的。

一、东方美学与时尚研究

在今天的话题当中，我认为有几个关键点可以引起我们重视：第一，东方美学与时尚究竟是什么？第二，什么是东方，什么是中国？第三，如何来构建中国设计的 IP？第四，以衣载道，我们讲的道是什么道？

当今我们流行的这些东西，无论是从民族的、流行的、文化的、国际的，从各个视野都可以去探讨它，你可能不了解，但不能说它没有学术。我跟吴海燕老师一样都是老染织人，所谓"染织"是什么呢？就是画花样的，以前是做染织设计。全国最早的服装设计本科，1983年才诞生，我们也是最早一批转向服装设计的人。我们读大学的时候没有服装设计本科，大量的学生都是先编在染织美术专业当中，到了毕业设计的阶段再选择服装设计，于是就诞生了我们国家第一批学院派的服装设计师，像吴海燕教授。我们在研究这些问题的时候，过多地去考量考据传统经典，而对当代时尚，特别是设计转化和东方范式是缺乏研究的，从根源上去发现问题就更少。

《阴翳礼赞》由一位日本的唯美主义散文家所写，收录了日本文学家谷崎润一郎的七篇散文，也可以讲是随笔。他的文章信息量非常大，内容也非常有趣，我读了文章以后，时常会会心一笑。这本书在中国的版本开本不大，整体设计也以粉色调为主。日本作家向来喜欢写那种细微的东西，甚至有些琐碎，但是为我开启了认识东方美学的又一扇窗户。谷崎润一郎曾多次被提名诺贝尔文学奖，《阴翳礼赞》非常值得我们研究设计的人来细读。谷崎润一郎认为只有东方人才懂得审美，"阴翳"这两个字非常深奥，他认为西方人是不懂的，所以西方人一个劲地提"光明感"，在设计当中提升所谓的照明效果，要让房间曝光在白光之中，没有任何的角落能够保留。"阴翳"的含意实际上是阴霾，枝叶茂盛，自然成荫，特指树荫。那么我们说东方美是什么？是阴翳，是一种柔和的禅宗情趣，如一层朦朦胧胧的窗纱，有点幽暗古朴的感觉。我们常说西方是阳刚美，东方是阴柔美。所谓阳刚美，在西方的文学作品中，战争都是铺天盖地式的狂轰滥炸；在中国，古人的战争怎么讲？有三十六计，善用计策谋略。在东方的人物塑造中，阴柔美是一个典型特征，但我们不能说没有阳刚。这位日本作家谷崎润一郎，他的文字非常优美，一般人感觉匪夷所思的事情，由他来下笔就会显得生动有趣，我在细读《阴翳礼赞》这本书的过程中产生了许许多多的关于东方美学的联想。

图 11 为中国美术学院的民艺馆，它是由隈研吾设计的，我觉得他的设计中就有阴翳之美。其实象山校区的整个环境的确是有种阴翳之美。隈研吾作为一位日本建筑师，深深地懂得东方美学的精髓。图 12 是民艺馆的走廊，顶部用瓦片做吊装，使得它透露出阳光斑驳的视觉效果。隈研吾用这种灰瓦来装饰墙面，利用钢丝把它吊成一种网状的结构，让阳光的照射不是那么直接，而是隐隐约约，我个人认为是有阴翳之美的。《阴翳礼赞》中谈及了许多情景下保留阴翳带来的那种美感。比如日本的纸，很少是漂白的，它是一种本白，而且白

图 11 中国美术学院象山校区民艺馆俯视图

图 12 中国美术学院象山校区民艺馆内景

得有些浑浊，但是这种浑浊让人感觉温暖。什么是东方？这是东方。同样的，日本居室的采光也注重于这种阴翳的美，使整个房间笼罩在轻微的昏黄色调之中。为什么日本色彩中的彩度和灰度总有它特殊的把握？同样一块绿颜色，在日本色彩中基本上是偏抹茶的颜色。如果

我们能够很好地去研究这个问题，我们就能真正地理解，什么是东方之美？光阴之美，不舍昼夜。无论是庭院、建筑，还是住宅，都体现了东方之美。我们今天认识的中国传统，大都是明清时期的传统。在中国传统的美学当中，我认为宋明时期的美学是一种市井之美、婉约之美、简约之美。所谓东方之美，从日本作家所写的《阴翳礼赞》到清代早期的绘画，都能够体现出一种婉约简洁的美。阴翳，在东方的审美里面，有时会认为污垢都是美的，比如茶垢。用紫砂壶来泡茶，茶叶一般都是要用热水来裂变的。滤茶之后的水可以用来养紫砂壶，最后产生一种光泽。手与壶相互摩擦，在壶上抓来抓去产生油性的垢，使茶壶变得更为圆润，这种圆润，就是我们所说的包浆。茶壶的内壁积累了一层茶垢，我觉得这也是对阴翳的一种礼赞。茶壶的茶垢是成长过程的一种见证，也浓缩着相互陪伴的时光。

在东方的色彩当中，有对色彩的明度和纯度的特殊要求。有一部电视剧曾非常流行，名为《延禧攻略》，这是一部难得的制作精良的古装电视剧，我对剧里服装的色彩深有感触。《延禧攻略》表达了我们对宫廷颜色的另外一个层面的认识，剧中的宫廷颜色比较素净、雅致，形成了一种特殊的宫廷色系，也为我们的设计带来许多启示。研究生若有兴趣，可以做一个硕士论文研究来分析《延禧攻略》里面的颜色，相信一定能够做成一篇非常好的硕士论文。

我觉得《延禧攻略》对我们近期的审美产生了很大的影响。电视剧播放之后，苏州的碧螺春上市，我突然发现茶的包装都变成了《延禧攻略》的颜色。从中我们可以看出，诸如文学的文本、电视剧等，像这样一些艺术表达都会对我们的审美产生重要影响。中国风格实际上就是要解决对东方文明的演绎与传承，以及如何和现代相结合的问题。民族的传统元素如何活化？坦率地说，能够融入我们现在生活的设计还是比较少，大量的设计还是停留在对传统元素的拼贴，比如非常粗暴地把一些传统元素嫁接到现代的一些设计物上，变成所谓的中国风格。而我们所想谈的东西恰好就是要摒弃这样一种具象的图形，打造真正进入我们内心的东方设计美学品质。讲到这里，我们会问什么是东方？什么是中国？今年流行这个，明年流行那个，时尚的背后究竟是什么在起作用？如何认识设计问题都是文化的问题？大家都觉得中国的传统好，当代如何来表达？表达什么？这恰好是我们目前亟待解决的问题。

二、传统文化与时尚设计

传统是一成不变的吗？传统是固守的吗？传统从来不是一成不变，我们的服饰也一样。赵武灵王胡服骑射，把马背上民族的服饰运用到军队当中，使得战斗力得以提高，自此中国古人才穿上了裤子。马王堆的辛追夫人，她的裤子跟今天的裤子也不一样，属于开裆裤的形制，可能令时人难以置信，毕竟很多穿袍服的民族以前都不穿裤子。剪辫易服，这又是一次大的变革。还有如今的民族乐器，琵琶、扬琴等，包括一些吹奏乐，都是来自西域。唢呐就来自于西域，但是我们今天还有人说它是西域的乐器吗？它是我们的民族乐器。中国五千年文明史的发展，是条条细小的涓流汇成的一条大河，其过程是一种多元互动。所以，我认为传统不是一成不变的。许多设计师做了一些尝试，不能说这些设计不好，但是这些设计比较多的是在强调某种元素，而这些元素，还处在一个比较简单的层面。北方有北方的传统，南方有南方的传统，我们要发扬的传统其实就是要摒弃具象的图形来表达内在的精神。

时尚的问题，是文化问题。时尚的背后是有学术的，设计不是简单的图形，好的设计是设计之外的东西。设计是一种生活方式，时尚的生活也是一种生活方式。关于什么是时尚？什么是时髦？我认为时髦是追逐的，时尚有的时候是坚守的，有的时候是坚持的。当然我们又会说，如果时尚不能够流行，也无所谓时尚。今天我们对于时髦和时尚这两个词可能有颇多的解读。我对它的理解是人的一种生活态度。我可以很时尚，但不一定很时髦。时尚就像是化妆品，没有它照样活，有了它更加精彩。时尚的源流和影响时尚的因素，除了历史文化这些背景以外，很大程度上还受到亚文化现象的影响，例如流行音乐、电影等艺术形式，还有刚才讲到的电视剧《延禧攻略》对茶品包装产生的影响。又如，韩国"东方神起"演唱组合，一度带动了亚洲时尚的中性化，所以亚文化也会对设计产生重要的影响。同时，我认为设计其实是一个善意的阴谋，因为一般来讲流行没有恶意，但是设计也可能会产生职场的危机。比如，亚历山大·麦昆（Alexander McQueen）在1995年设计过一款露屁股的裤装。大概在20世纪90年代后期，中国大陆都在流行这种露屁裤，如今许多女性已经不穿了，当然，我认为这个流行是善意的。还有2009年亚历山大·麦昆设计的一款驴蹄鞋，遭到当时巴黎时装周三位国际名模罢演。25厘米高的鞋跟，使得三位国际大模模特对自己的职场安全感到担忧。后来我记得大概在第二年，中国时装周也有一场秀被罢演。因为那是一场内衣秀，由于内衣款式过于暴露，有许多大牌模特拒绝演出。尽管驴蹄鞋存在职场安全的隐患，但是鞋跟高 25 厘米的鞋子到今天仍然存在。设计的视觉感受和使用价值，让人们对生活充满希望，也激发人们追求美好生活的动力。我相信一个民族只有关注当下，关注时代发展的前沿，这个民族才是有生命力的。有这样一些终日接触设计流行的设计师、理论家的辛勤努力，中国设计走向世界才有实现的可能。

三、中西方美学表现及内涵

民众化的表达不应该是简单化的概念途径，它应该上升为某种国家美学的品格。我曾在多个场合讲过，每个国家的设计都能够彰显出这个国家的美学品格。日本有日本的国家美学品格、日本设计的美学品格，它的身上凝聚的是介于德国设计和意大利设计之间所创造出的一种具有东方特质的国家美学品格。又比如，德国的设计注重理性，设计的线条大多都比较硬朗。而意大利和法国，因为它们的设计里面流淌着巴洛克和洛可可的基因，所以设计一般多为曲线。此外，印度的设计也非常有特点，我认为它具有精神锋利的特征，因为最奢华的和最让人不可思议的东西，常常会在印度设计中得以结合。关于如何表达东方设计美学或者东方美学，日本的设计为我们提供了某种启示：什么是东方的？什么是中国的？当然，今天我们不能做咬文嚼字学究式的论辩。有一篇文章可以推荐给大家看，是北京大学彭锋所写的《什么是中国美学》，他将中国美学与西方美学作了比较，非常简明扼要。

其实西方也有阴翳，曾经有一篇题为《阴翳美学：黑暗是西方艺术之母》的文章就有谈及。所以，我们不能用某种对抗性的语言来说，阴翳一定是东方的，西方没有，西方也有。他的论据是西方古代艺术作品都是放在教堂里展出的。但是今天的美术馆都是明亮的，白亮的美术馆和昏暗的教堂，古代的西方和今天的西方又产生了一个非常大的反差。2019年春节，我在安特卫普去看圣母大教堂，教堂内部非常幽暗，里面有三张鲁本斯的代表作。东方美学的独特在于东方美学的形而上，也可以讲它是形而上学的一种独特性。西方形而上学建立在存在的基础之上，客观的存在；而以佛道为代表的东方美学是建立在生成的基础之上。我们说西方追求的是永恒，而佛道追求的是无常，与专注于存在的西方肯定有不同。而东方强调的是生成，强调有无相生。这就是中西方的差异。东方美学追求的是有和无，是形与影之间的一种张力。《阴翳礼赞》里面讲到，厕所里面强调的日本的窗户，实际上就是形与影之间的一种视觉张力，着重于表现。曾经有一位理论家说，中国从来没有表现主义传统。我当时就表示反对，我说中国从来就有表现主义传统，是讲意境。而中国美学偏重于伦理学，侧重于美和善，偏重于经验形态。所以讲到东方的美学一般会较为随性、印象、带有直观和经验性，这就是东方。而西方呢？西方追求的是可感因素。西方美学偏重于哲学的认识，强调逻辑，侧重于美和真的探讨，偏重于理论形态，强调系统，这就是东西方的美学差异。

中国之美在于意象，其实意象是心和物的综合，所谓的综合是变杂多为统一，强调感性。这种感性是一种直觉，上升为意念，这是东方美学。回到我们中国风格时尚设计的建构，民族化的服饰不能拼贴，还必须融入时代的流行。我们应该用意象、综合、感性的方法来体现我们中式或者中国传统美学的意境和意象。在这方面，日本的设计师曾做过一些尝试。三宅一生大家耳熟能详，在他设计的服装中，产生了独一无二的东方意象，这种意象让我们能够久久回味。山本耀司——

日本时装界的潮流人物，他的设计实际上是反潮流设计。多年来，山本耀司的设计就是以黑色为主，所以他有个绰号叫"黑旋风"。他这种反时尚的设计风格就彰显了东方设计的意蕴。还有一位日本设计师原研哉，也是我比较推崇的设计师，他不仅仅是一个平面设计师，更是推动21世纪日本设计改革的重要推手。原研哉曾经跟我讲过一句话，他说他不认为日本的设计是国际化的，他认为日本的设计就是日本的。之所以日本的设计能够在世界上流行或为大家所接受，他认为这是日本文化的魅力。不管是原研哉还是山本耀司，他们的设计作品所体现出的寂静、宅静、禅意和空灵的境界，以及体现出的那种"缓"的意境都是哲学性的。一个好的设计师，不在乎形式，却更在乎设计之外的东西。

每个人对什么是东方的、什么是中国的风格都有不同的理解。北方的、南方的、东方的、西方的，都会不一样。2015年在东华大学举办的"中国梦：花好月圆——当代中国风格时尚设计大展"和2015年5月在纽约大都会举办的"China Through the Looking Glass"（中国：镜花水月）时装展遥相呼应。一方面是中国设计师对中国传统、中国风格的表达，另外一方面是西方视野下对中国传统、中国文化的一种表达，也正说明中国文化受到世界的重视。总而言之，美学是没有现成答案的，时尚的背后是有学术的。

当代中国风格服饰设计的文化逻辑与设计思维

卞向阳

卞向阳，东华大学教授、博导，上海纺织服饰博物馆馆长

当代中国风格（China Style）服饰体系构建是新时代赋予中国服装界的新使命，它作为中华优秀传统文化传承与发展的重要组成部分，不仅与人民生活紧密关联，更与国家文化形象密切相关，是新时代中国文化建设的重要内容之一。无论从艺术创造还是社会创新角度看，服饰设计作为创意与产品和着装形象之间的桥梁，在当代中国的服饰时尚和国家文化形象建设中必然要发挥重大作用。自改革开放以来，尤其是近十年间，中国服装界已经有诸多关于中国风格的设计实践，笔者曾经在2015年与2019年两度于上海纺织服饰博物馆策划举办了"当代中国风格时尚设计大展"；而17世纪以来西方"中国风（Chinoiserie）"服饰设计积淀有大量的作品，纽约大都会博物馆在2015年举办的"China Through the Looking Glass"（中国：镜花水月）则集其大成。本文旨在"格"国内已有的中国风格服饰设计和西方"中国风"作品之"物"，求当代中国风格服饰设计之"知"。限于篇幅，关于当代中国风格服饰设计的方法论问题拟另外撰文讨论，本文仅就当代中国风格服饰设计的文化逻辑与设计思维阐述相关观点，期待能对当代中国风格服装设计的知行合一有所裨益。

一、西方"中国风"与当代中国风格服饰的重叠与错位

"中国风"与中国风格，是很容易令人产生混淆的表述。本文引入了社会心理学中的"自我"和"他者"概念，如果将中国人作为一

个群体去看待本群体的文化,这个群体具有明显的"自我"属性,对应而言,西方人则属于"他者"。下文将通过"自我"和"他者"的二元角度,分析西方"中国风"与当代中国风格服饰设计的重叠与错位。

(一)"他者"角度的西方"中国风"服饰

关于西方"中国风"服饰,前有 1987 年包铭新的论文《欧洲纺织品和服装的中国风》,后有 2005 年、2006 年袁宣萍的博士论文和著作《17 至 18 世纪欧洲的"中国风"设计》,作者也曾经于 2006 年在《服装艺术判断》中专门进行"中国风"主题设计的讨论;另外,1961 年英国学者休·昂纳(Hugh Honour)专著有 *Chinoiserie, The Vision of Cathay*(2017 年的中译本名叫《中国风——遗失在西方 800 年中的中国元素》)。由于已经有众多相关成果,因此本文仅仅在简单总结与回顾基础上从"他者"角度加以分析。

所谓"中国风",起源于中西方贸易的不断发展和猎奇的旅行者的冒险游历,涉及绘画、瓷器、园林艺术、室内装潢以及家具样式、纺织品和服装等诸多艺术领域,东方的器皿、建筑图案、生活饰品、宗教塑像等成为艺术创作的源泉和素材。在 18 世纪,"中国风"是一种风格的指称,从属于巴洛克和洛可可艺术的分支,它掺杂着西方传统的审美情趣,反映了欧洲人对中国艺术和中国风土人情的理解和想象。其后,"中国风"泛指一种追求中国情调的艺术风格,较常见于绘画和装饰等方面,而服饰也是"中国风"的重要应用组成部分。

20世纪70年代之后,"中国风"服饰设计作品伴随中国热在西方不断出现。但是,西方的"中国风"是对于中国的真实模仿和再现吗?显然不是。一直到19世纪上半期,欧洲几乎找不到能够真实反映中国情况的资料,即使到现在,除了少数中国问题研究学者和专家外,作为"他者"的西方人总体上对于中国也是一知半解。"中国风"在本质上就是西方的一种艺术风格,是西方艺术家、设计师以及工匠们基于西方的审美和思维,以"他者"式的理解和想象,创造出的他们认为的中国特色,"中国风"服饰也从来没有成为西方社会的主流着装形式。"中国:镜花水月"展览的策展人安德鲁·博尔顿(Andrew Bolton)在展览的一个很不起眼的位置,用一件18世纪法国的以中式织锦制成的"华托式"(以法国画家Jean-Antoine Watteau在绘制人物肖像时创造出来的式样而命名)女裙装穿在人形展架上,并面对一面镜子(图13)。在笔者看来,它不仅是界定了展览作品的时间原点,更是建立了一个与展览主题"镜花水月"相对应的隐喻式的展览眼:西方的"中国风"及其服饰,就是身为"他者"的艺术家和设计师群体展现给同为"他者"的西方人看的中国"镜映",是"他者"想象中的美好的中国而非真正的中国,正如当年和笔者一起观看这个展览的一位中国高一学生脱口而出的评价:这就是给西方人看的。

(二)"自我"角度的中国风格服饰

如果从中国人的群体角度去看待中国风格,必然是一个"自我"的视野。需要注意的是,如同中国古代文明延绵不断一样,中国古代五千年服饰文化一脉相承、开放鲜活。当时中国的文明是先进的,文化是极具感染力和吸引力的,周边的很多国家如日本、韩国等均向中

图13 "中国：镜花水月"展览现场的18世纪法国中式织锦的女裙

国学习，并引进中国式的服饰体系，所以在当时的中国，从"自我"角度而言自然就没有所谓中国风格之说。一直到近代，随着西方文明的涌入，中国人将西方的服饰体系作为先进文明的象征而逐渐宽容地接受和采纳，但是，着装的传统和西化的争议一直存在并充斥于整个近代历史进程。也正是因为有这样的争议，才会出现中西合璧的旗袍和中山装，并成为近代中国服饰的典型代表。改革开放以后，中国人开始了对西方服饰时尚体系的再学习，与此同时，也一直没有停止关于民族化和国际化的讨论和探索。1987年8月，中国服装界召开了第一次全国规模的理论研讨会"首届中国服装基础理论研讨会"，其研讨主题就是民族化与国际化问题，随后以《服装设计的道路之争》的名称出版文集，足见当时中国服装界的"自我"意识之强烈。

进入21世纪之后，中国的综合实力和人民生活水平迅速提升，建立具有中国特色的服饰体系以展现民族和个人的"自我"，成为社会和民众的迫切需要。尤其在中华优秀传统文化传承和国家文化建设渐入高潮之后，关于中国风格服饰的呼声日渐高涨。在近年来的全国各大时装周上，以中国元素为主题的作品发布会的比例逐年上升，诸多品牌也推出了中国风格产品，它们尽管可能有种种不足，但是均展现了设计师从"自我"出发对于中国文化的演绎。

如果将西方的"中国风"和中国的当代中国风格服饰设计做一个比较，可以发现：两者的重叠之处在于它们均是以中国作为主题的设计创作；最大的不同之处是前者更多地强调民族主题，作为"他者"因为地域不同而产生审美距离，而后者更多地关注历史主题，作为"自我"因为时间相隔而产生审美距离。另外，两类设计中的成功之作还有一个共性基础，那就是均紧密联系于各自所属社会的热点，扎根于各自时代的生活。

二、当代中国风格服饰设计的文化逻辑

尽管"文化"已经成为当今的一个流行语汇，但是和我们生活中的很多常用词一样，很多人对于"文化"并没有一个清晰的概念。所谓"文化"，其含义非常丰富，广义指人类在社会实践过程中所获得的物质、精神的生产能力和创造的物质、精神财富的总和；狭义指精神生产能力和精神产品，包括一切社会意识形式：自然科学、社会科学、道德、法律、艺术等；有时又专指教育、科学、文学、艺术、卫生、体育等方面的知识与设施。服饰本身，既有物质文化的特点，也有精神文化的特质；而服饰设计作为实用艺术，具有鲜明的文化属性，因此本文所论"文化"采用的是相对广义的概念。

（一）文化的层面、特点以及与服饰的关联

文化可以分为三个层面：一是器物层面的物质文化，指人类创造的物质文明，服饰是其中的当然组成部分；二是组织层面的制度文化，指生活制度、家庭制度、社会制度等，中外不同历史时期的服饰礼仪制度、特定社会群体的制服等，均属于此类；三是观念层面的心理文化，诸如思维方式、宗教信仰、审美情趣等，它们也通过服饰得以充分的表达与展现。在这三个层面中，后两者均属于精神文化，而物质文化则是它们的基础。正是因为当代中国社会的物质生活日渐丰富，服饰已经跨越了生存的需要，审美情趣成为更为重要的着装动机，这才有体现中华民族群体"自我"观念的当代中国风格服饰的热点话题。

从某种意义上说，文化的特点是有历史、有内容、有故事，是有记忆的历史，有意蕴的当下。服饰本身作为当时社会的缩影，具有鲜明的历史性、时代性、内容性和故事性。赵武灵王"胡服骑射"说的是服饰与社会变革的紧密互动，清初"留发不留头，留头不留发"讲的是王朝更迭时服饰制度变更带来的民族抗争。当然，由于中国服饰文明延续了上下五千年，历史的稠厚反而让有些时期的服饰文化变得模糊，比如我们理所当然地认为中国历史上婚服都是红色，其实唐代新娘的婚服以青色为尚，新郎婚服才是红色的。因此，要建立当代中国风格的服饰体系，首先就要发现中国传统服饰文化的显性符号，更要深入考察其隐喻内涵。

（二）当代中国风格服饰设计的文化表达

关于当代中国风格服饰设计的文化逻辑，如图14所示。有以下三点需要特别说明：

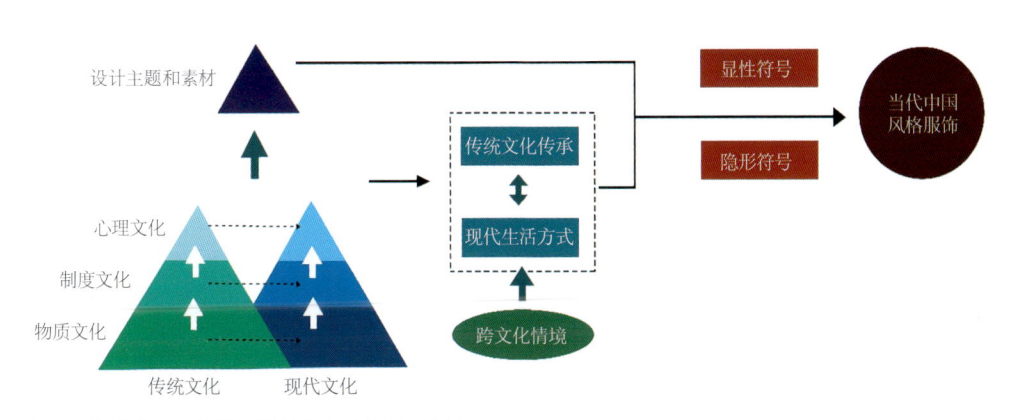

图14 当代中国风格服饰设计的文化逻辑示意图
（绘制：鲁文莉）

第一,所谓当代中国风格服饰设计,基点是当下的新时代。中华文明作为古代四大文明中唯一没有中断的文明,其传统文化与现代文化有着必然的连续性,因此在当代中国风格服饰设计的文化表达中,我们不仅要关注传统文化,也需要更加重视现代文化,让当代中国风格成为新时代中国文化中的一种突出的艺术风格,这是建立其文化逻辑的前提。

第二,以当代中国风格服饰作为载体的传统文化的继承和发展,必须符合现代生活的需要,并进一步促进新时代的中国社会时尚创新。新时代的中国本身就处于一个中西文化交融的跨文化情境之中,当代中国风格服装设计,必须以现代生活方式为基础,将中华民族的优秀传统文化有机传承,与当代社会相适应,与现代生活相协调。

第三,当代中国风格服饰设计,可以从不同层面的中国文化中淬炼和提取设计主题,以显性符号和隐形内涵并举的形式,构建中国风格时尚,完成设计的文化表达。

三、当代中国风格服饰的设计思维

服饰设计的实用艺术定位和装饰特性,决定了其设计思维必然是一个以产品消费者为核心的基本模式。

(一)面向西方受众的中国风

对于西方社会而言,中国始终是一个神秘的国度。古代丝绸之路给西方带去的丝绸、瓷器、刺绣等物品和传说,让西方人对中国充满想象,由此构成18世纪以来"中国风"的社会基础。尽管有些"中国风"的作品在身为"自我"的中国朋友看来有些莫名其妙,但是身为"他者"的西方受众却因为作品营造的新颖、奇特和幻想而欣然采纳甚至引以为豪,休·昂纳(Hugh Honour)就在其著作中列举了类似的案例。20世纪五六十年代,在东西两大阵营的冷战环境下中国逐渐打破西方的包围和孤立,加之在马列主义毛泽东思想指导下中国发生了翻天覆地的变化,这些都让中国披上了神秘的面纱,也引起一些西方人士和服装设计师的关注。1951年法国设计师迪奥就曾经创作了一组堪称经典的"中国风"作品,其中有一件白底西式晚装裙,印上了唐代著名书法家张旭草书的医案《肚痛帖》(图15、图16)。在20世纪70年代和90年代,中美建交、香港回归等国际热点事件均引发了一批"中国风"作品的出现(图17)。而21世纪随着中国逐渐走向世界舞台的中心,从路易·威登(Louis Vuitton)、香奈儿(Chanel)到拉夫·劳伦(Ralph Lauren)都出现诸多新的"中国风"服饰设计,还有德赖斯·范诺顿(Dries Van Noten)以苗族图案为主题设计了2015秋冬"中国风"作品(图18)。对于很多西方受众而言,他们本身是否了解乃至热爱中国不重要,只要作品能够通过中西之间的空间距离让他们产生新奇的时尚美感或者心理刺激,就是好作品。事实上,服饰设计作为实用艺术领域的装饰艺术,形式大于内容本来就是常态。

(二)面向中国受众的中国风格

相对于西方"他者"受众,中国风格对于中国受众则是"自我"母体文化的体现,因为受众对本国文化有身在其中的理解和感悟,他们对中国风格的诉求更加严苛。中国文化的博大精深,以及中国民众近年来对传统文化的热情,促使越来越多的中国设计师和品牌投身

图 15 1951 年迪奥（Dior）设计的白底印字西式女裙以张旭草书的《肚痛帖》为图案

图 16 收藏于哈佛大学艺术图书馆的张旭的《肚痛帖》

图 17 迪奥（Dior）品牌的 1997/1998 秋冬作品，约翰·加利亚诺（John Gallino）设计

图 18 德赖斯·范诺顿（Dries Van Noten）以苗族图案为主题设计的 2015 秋冬作品

到中国风格服饰设计之中。在两次"当代中国风格时尚设计大展"之中,笔者有意识地从文化表达角度遴选了两批中国风格设计作品,比如 2019 年展览中吴海燕的灵感来自北京法海寺壁画的"东方盛世"系列作品、张肇达的理念出自《道经》中"物物相生,始开于炁"的"炁"系列作品、程应奋的艾德莱斯绸女装(图 19),以及 2015 年展览中 NE·TIGER(东北虎)品牌的"华·宋"作品(图 20)、楚艳的 APEC 会议女配偶服装、王玉涛的"茶"系列服装等。而李宁品牌近年来在纽约时装周首发的中国风格作品,让该品牌的销售业绩重新

图 19 程应奋的艾德莱斯绸女装
(摄影:田占国)

图 20 NE·TIGER 品牌的"华·宋"作品
(图片提供:NE·TIGER)

攀升。李宁2019秋冬系列（图21）以"行"为主题，取自《荀子·修身》中的"路虽弥，不行不知"，将中国山水画作为主要特色素材。

由于青睐中国巨大的消费市场和中国民众强大的购买力，一些西方品牌和设计师也开始进行取悦中国受众的中国主题的设计，希望以此来扩大市场份额。比如2018年纪梵希（Givenchy）彩妆新年限定礼盒，以梅花、烫金、大红颜色来构建中国风格；古驰（GUCCI）则通过与迪士尼的合作，用米老鼠主题服饰作为2020鼠年中国春节特别款。

图21 李宁品牌"行"主题2019秋冬系列作品

(三) 当代中国风格服饰设计的思维导向

站在中国人"自我"的角度看，无论是面向西方市场的中国风，还是面对中国市场的中国风格，尽管有不少成功之作，但也有诸多不尽人意之处。比如对于中国主题的表达，大多集中于中国传统器物和图案的符号化表现，忽视了对中国文化的精神内涵挖掘；对于传统文化的表达，没有与当代生活相结合；对于中国元素的运用，与当下时尚的融合程度不够，有生拼硬凑的割裂感。诸如此类的问题，其结果会造成作品完整度不够。

因此，当代中国风格服饰设计需要有更加明确的思维导向。设计的基本原则是把握新时代的时尚特征，即"不忘本来、吸收外来、面向未来"；基本思路是面向新时代美好生活，推进传统文化的创造性转化、创新性发展。在此基础上，以当代中国风格为切入点构建新时代的中国服饰文化，长期目标是通过当代中国风格服饰体系的构建，形成和完善新时代中国时尚的核心价值观，展现中国精神、中国价值、中国力量。

基于以上对当代中国风格服饰设计的认知，笔者认为当前有四个方面需要进一步加强。首先，加强对中国历史的再学习。坦率而言，目前中国民众和设计师群体对中国历史的认识普遍存在严重的碎片化和表象化的现象，需要在再学习的过程中对宏大的中国历史形成连贯性的深刻记忆，在提升整个社会的文化自信和服饰文化水准的同时，不仅让历史成为设计的重要灵感源泉，更要让中国传统的审美观成为当代设计的重要观照。其次，加强对传统文化的再演绎。文化的继承和发展是一个扬弃的动态过程，对传统的传承不等于是对过去的复制，事实上历史也从来不可以复制。在"非遗"的浪潮中需要清醒地认识到，并非所有的"非遗"均可以活在当下的时尚之中。再次，加强对于当代生活的再创造。艺术源自对于生活的感悟，源自生活并高于生活。当代中国风格的服饰设计，同样需要扎根新时代，去描绘美好生活的时尚精神图谱。最后，加强对于时代特色的再赋予。在社会群体日益细分的21世纪，当代中国风格的服饰需要对接不同社会群体的文化认知，用国际化的设计语言表述中国化的民族元素，只有让不论是"自我"还是"他者"的中西时尚界能够看得懂，才能让受众乐于用。

四、跨文化情境下的当代中国风格服饰设计与国家文化形象

国家文化形象是一个国家文化传统、文化行为、文化实力的集中体现，它反映了一个国家的国民素质和精神风貌、文化吸收能力和文化创造力，以及国家文化的国际影响力。对应以上国家文化形象的定义和特点可以发现，当代中国风格服饰设计与新时代国家文化形象建设有着非常密切的关联。

如果换个角度，从国家文化建设的高度出发，当代中国风格服饰设计不仅要担负崇高的使命，也面临着更加艰巨的任务。首先，近现代历史的发展，使得当代中国服饰处于一个跨文化的情境之中，西方服饰体系借助工业文明的传播，成为中国乃至世界民众日常着装的共有主流形式，因此在当代中国风格服饰设计中存在着如何处理西方流行时尚与中国文化特色的关系问题。好在中国的传统服饰文化具有开放包容的属性，关键是要处理好对于中西文化的兼容并蓄、表里主次等问题。每一个民族的优秀文化都是属于全人类的，无论是中国传统

服饰，还是西方服饰都是如此，因此不能也没有必要去排斥西方服饰时尚，而是要在彼此的交融中，用具有中国特色的服饰提升中国在国际时尚体系中的地位，让当代中国风格服饰和国家一起走到国际舞台的聚光灯下，用包括服饰在内的文化软实力营造和赢得世界的尊重与仿效。20世纪初期的美国时尚曾经唯巴黎是从；自20世纪70年代开始，美式服装作为美国生活方式的代表，逐渐在全球范围内确立了自己的地位，纽约时装周成为国际著名四大时装周之一，牛仔裤作为美式文化的代表，进入了全世界民众的衣橱。其次，中国国家文化形象是建立在中外民众心中的，它需要中国民众的共识和世界社会的认同，中国风格服饰需要一个立体丰满的体系去应对国内外日益多元的群体文化心理。因此，当代中国风格服装设计，不仅要有国家层面的礼仪盛装，也需要热爱中华传统服饰文化的人们穿用的汉服、年轻人在日常生活中偏爱的国潮装、商务场合的旗袍（图22），以及各类人生重要场合和重大时节的礼仪与特色服装，不仅需要有流行性的时装，也需要创造能够经得起时间涤荡而留存为习俗的经典，而且它们应该能够让使用者构成从上到下、从里到外的完整成套装扮，这也是为什么本文将服饰设计译为"Clothing Design"而非"Fashion Design"的主要原因。最后，中国是一个多民族国家，即便是汉族文化也有诸多文化流派和形式。因此，当代中国风格服饰设计可以具有不同的民族主题、文化主题细分，彰显不同的民族特性和多样的文化特性。比如吴海燕、张肇达和李宁品牌的作品，主题分别来自佛教、道教和儒家文化，但是均属于当代中国风格服饰设计的范畴。

五、结语

当代中国风格服饰设计尽管与西方"中国风"同为中国主题服饰设计，但是有"自我"和"他者"之分。中国风格服饰设计文化逻辑的基点在于当下，着眼于传统文化在当代的有机传承，从传统与现代文化的不同层次中凝聚主题、积累素材，外显与内涵并重，实现中国风格时尚的文化表达。其设计思维的核心在于不同文化感受的中外受众，在思维导向上有其原则、思路和目标。在跨文化情境之下，当代中国风格服饰设计在国家文化形象建设中发挥着重要作用。让我们坚定文化自信，用立体丰满的当代中国风格服饰设计体系，描绘新时代美好生活的时尚图谱。

图 22 荷言品牌"金锁记"主题旗袍
（图片提供：姑苏荷言）

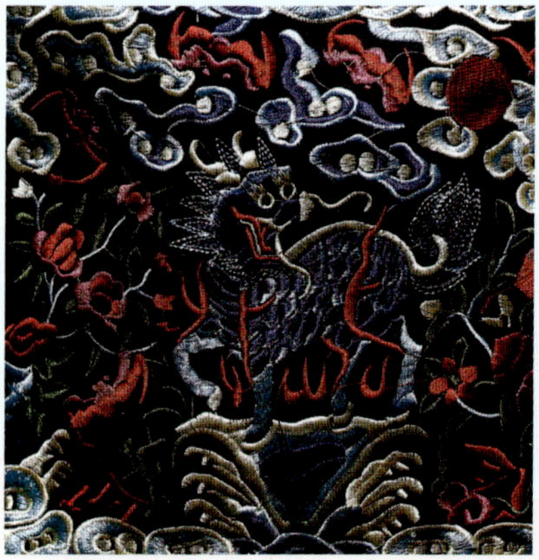
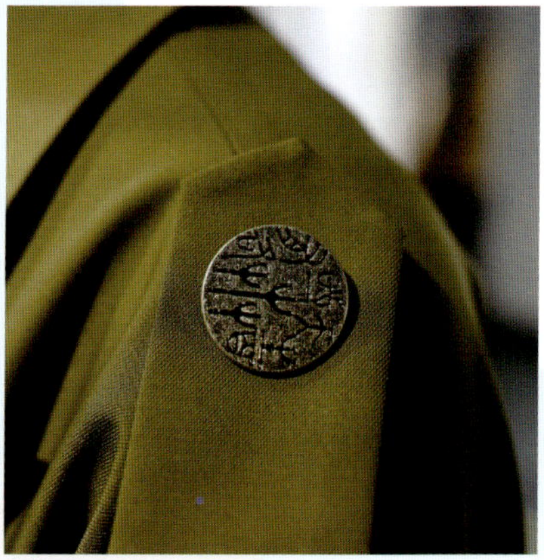
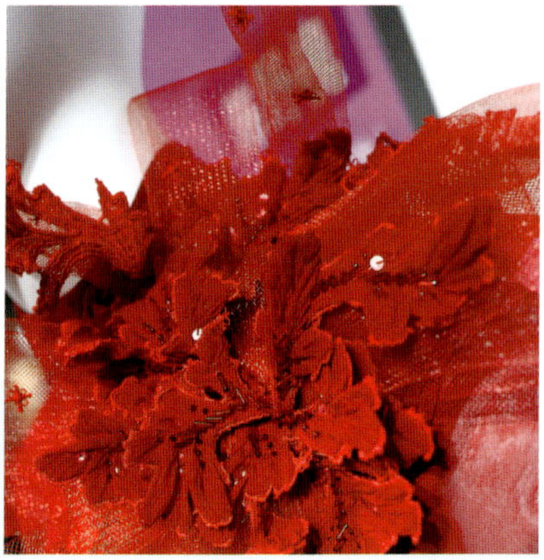

第二部分

实践探索

东方美学的设计体现

张肇达

张肇达,Mark Cheung 品牌创始人、艺术家
获 1997/2005 年度"中国时装设计金顶奖"

一、美学

美学本身是一门西方的学科,是西方哲学的一个分支,起源于希腊语"对感观的感受"。审美不单指艺术,而是对一个物体的感官冥想或欣赏。美学作为一个学科和研究课题是在1750年由德国哲学家亚历山大·戈特利布·鲍姆嘉通(Alexander Gottlieb Baumgarten)提出的,他制定了美学的边界和标准,让美学成为哲学范畴下的独立课题,康德则为研究美学制定了方法论。"美"是什么?是美学这门学科研究的根本问题。美学的传统概念是一门以美的本质及其意义的研究为主题的学科。到了18世纪,现代哲学对美学又重新作了定义,一个客体的美学价值,不再简单地被定义为"美"和"丑",新的美学要从感官出发,去研究一个客体的类型和本质。

二、东方美学

东方美学的形成是总的美学概念。美学作为一门在西方生成发展的学科,它仅有数百年的历史,而人类对美的感觉、美的欣赏和对美的思考,在原始时代就已经出现了。从原始时代,人类就制作各种各样的工具,如陶器、乐器、饰品,乃至武器,还建造了各种建筑,这些都带有装饰性符号,还有很多点线面、肌理等各式各样体现美的东西。这些符号除了体现美之外,还参与体现巫术、宗教、制度等功能。

但从这些原始符号的绘制、设计及排列方式中，可以看到彼时人类已经产生了美的观念和美感。

到了轴心时代，即从公元前800年到公元前200年间，各种语言蓬勃发展，人类开始用理论的形式来讲述自身对美的感觉和想法，也奠定了美学的雏形和基础。在这个时期里，人类有三个文明开始建立自身理论基础的美学概念：地中海文明、古印度文明、中华文明，现在看到的美学，基本也是延续了这三个文明。

在地中海文明中，以古希腊哲学为代表的柏拉图、亚里士多德，以追求美的本质作为开端，奠定了西方美学的基本形式。

中华民族集聚百家，以先秦诸子为代表，如老子、孔子、庄子，以《易传》为标志，影响到如今朝鲜、日本、越南等地，建立起东方美学的形式。老子的学说对东方美学的影响可以说是最深的。老子的一系列概念，比如"道""气""象""无""虚""实"等，都是东方美学的哲学基础，东方美学主要在于表达自我与自然的关系，内在与外在的关系。

在东方美学概念中，现象世界反映的多是道与自然。世界是一个连续的气场，也就是道家里面的"气"。一切都不可分割地联系在一起，每个现象都不是单独的，而是一个暂时的形式，整个世界就是这样一个不间断、流动的漩涡。自然表达了宇宙能量的原始动态的自发性，自然本身就是创作，自然本身也表现为美与和谐。世界既非常有趣地运作着，同时它存在本身也是创作系统。在东方美学下，创作的最终目的，不是描绘一个表面的现实，而是表达现象的精神。创作的途径不在于模仿外在的形式，不在于用眼睛直接观察外界，而是透过眼睛直接感受外界氛围，内心不受外界表象的影响。如此而来，创作者更能表述自然，从而呈现出自发的创作性和美。

例如，服装设计系列"炁"，其灵感为《道经》中的概念"物物生生，始开于炁"，"炁"乃蕴藏于世间万物生命中的存在之真，世间万物皆是不可分割地联系在一起，世界犹如一个不断流动的漩涡。在整体设计上，设计师尝试提炼中式印象与西式格调之精神，取东方服饰文化之华美，融合西方的立体剪裁和造型艺术之精华，以西方象征浪漫典雅的蕾丝钉珠和东方象征吉祥如意的刺绣纹样为点缀。系列设计探索两者在新时代中对立又融合的可能性，尝试跨越东西方界限，呈现出两者之真。

三、创意设计

创意设计也是一个不属于中国的名词。在最古老的文明里，包括古希腊、古中国、古印度都没有"创意"这个概念。艺术创作，是一个发现的行为而并非创造。"创作者"在服装界是一个伟大的人物，他们基本不称自己为"创造者"。

现在我们理解的"创意"是西方文艺复兴时期才出现的，当时人文主义兴起，发展出一种强烈的以人类为中心的世界观，这种观点认为人类在世界中也具备创造的能力，上帝已经不存在了。中国艺术也差不多是那个时期开启的，东西方每个时期做的事情大致一样，只不过形式不一。

我们现在对创意设计的理念和想法，可以说都是当时西方文艺复兴的遗留物，是基于西方个人主义的产物。东方自儒家思想而来，推崇的则是集体主义，这可能就是我们对"创意设计"存在的一些水土不服现象的根本原因。因此，我们需要从东方思维和东方美学中重新认识和寻找属于东方的"创意"概念。

四、东方美学的设计体现

如何在设计中体现东方的美学？这是一个核心问题。如今，对于东方美学的视觉印象大多停留在一些历史遗留下来的具体物件和符号中，对东方美学的设计应用也大多停留在对于这些物件的改造和再现。然而，对于表象的物体的描述和再现，并不符合东方美学的概念。东方美学的设计体现的并不是物体的表现，除去那些我们印象中最强烈的东方感、中式感的图案，东方美学在视觉上的特点主要可以从以下四个方面表达。

1. 空间

在设计中，无论平面空间还是立体空间的设计和构图，东方美学强调的是一种特殊的空间信息。西方美学在文艺复兴以来，一直试图创造一个视觉环境的精神视图，再通过发展数学规则来组织空间，创造精确的空间关系。东方美学并没有将空间的概念发展成一个可测量的几何实体，也不依赖准确的物理表现或者对事物的模仿，而是强调了一种动态的结构，即人类与环境的关系。例如，一种典型的表现为垂直空间信息的排列方式，即远处的物体出现在上部，而近处的物体出现在下方；或是利用突出平行对角线的关系，来表达物体间的空间关系。

2. 时间

西方美学的定义不注重细节，倾向于捕捉视觉场景中的特定时刻，表现美和崇高。东方美学不强调特定的时间点，而是在整体的视觉场景中形成连续的时间窗口，呈现一种流动感、一种隐藏的动态感。

3. 物体

西方美学偏爱以物体（人物）为中心主导视觉，试图以物体的突出来区分物体和背景。东方美学不以物体为中心主导，着重以情境为中心，不区分物体和背景，注重氛围，人物往往是作为渺小的形象出现，仿佛人物被嵌入自然环境中。山水画和油画可以很明显地表现出此区别。

4. 物体与观者的关系

西方美学，在创作中会将观者的角度外置，并固定在视觉画面中央，观者在看的时候产生一种从画面中心扩展的视觉感受。比如练习素描时，是整个框架在搭建，以坐着的人作为视点去做一个框架。东方美学则开放了观者的位置，让观者成为场景的一部分。在东方美学的空间概念下，观众在观赏时自然地被邀请去动态地改变自己的视觉位置，从而得到一种漂浮的视觉感受，它有时位于空中，有时位于地上，甚至有时低于地面，都会使观众产生不同的感觉。

无论哪一类设计，只要在创作中将空间关系、时间窗口、情景主导、开放观者视觉位置这四个方面进行融合和提炼，设计便会自然地流露东方的美感。只要抓住以上四点，基本上可以表达出东方美学。自古以来，美的概念便是一个复杂的话题，而在追随中国与美的关系的文化轨迹时尤其如此。

作品主题

中国炁

"炁"是《道经》中的概念,"物物生生,始开于炁","炁"乃蕴藏于世间万物生命的存在之真,世间万物皆是不可分割地联系在一起,世界就犹如一个不断流动的漩涡。张肇达以自身的艺术理论、视觉感悟、修行境界,将这东方哲学中"炁"的概念呈现于服装中。

在整体设计上,设计师尝试提炼中式印象与西式格调之精神,取东方的服饰文化之华美,融合西方的立体裁剪和造型艺术之精华,以西方象征浪漫典雅的蕾丝钉珠和东方象征吉祥如意的刺绣纹样为点缀,探索两者在新时代中对立又融合的可能性,尝试跨越东西方界限,呈现出两者之真(图23～图32)。

图23 "锦衣载道——当代中国风格时尚设计大展"张肇达作品展示1
(摄影:田占国)

图 24 "锦衣载道——当代中国风格时尚设计大展"张肇达作品局部
（摄影：田占国）

图 25 "锦衣载道——当代中国风格时尚设计大展"张肇达作品展示 2
（摄影：田占国）

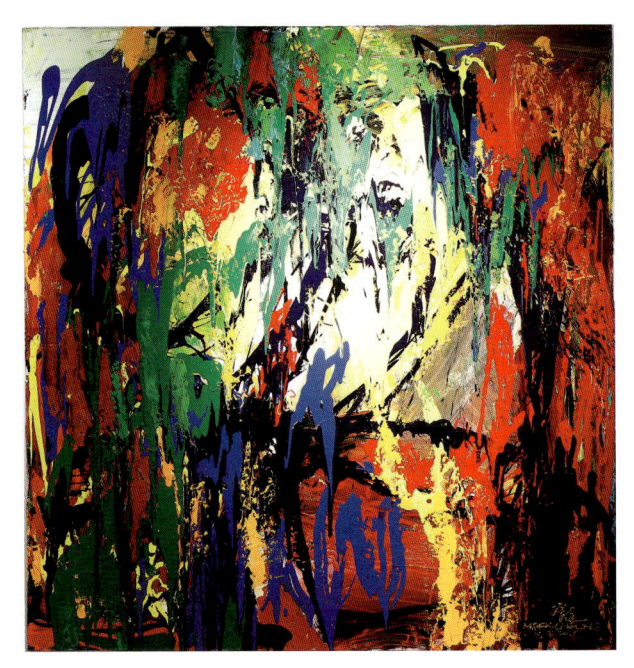

图 26 "锦衣载道——当代中国风格时尚设计大展"张肇达油画作品 1
（摄影：田占国）

图 27 "锦衣载道——当代中国风格时尚设计大展"张肇达油画作品 2
（摄影：田占国）

东方美学的设计体现　057

图 28 "中国冞"系列作品 1
（品牌提供）

图 29 "中国冞"系列作品 2
（摄影：田占国）

图 30 "中国炁"系列作品 3
（摄影：田占国）

图 31 "中国炁"系列作品 4
（摄影：田占国）

图 32 "中国炁"系列作品 5
（摄影：田占国）

东西
——从服饰看东西方文化对比碰撞

陈 闻

陈闻，"闻所未闻"全球牛仔原创设计集合平台创始人
获 2015 年度"中国时装设计金顶奖"

一、匠心的传承与发扬

近几年来，我个人的创作，无论是服装还是绘画，都在结合东西方的文化元素。不仅仅是我个人，这也是当前中国设计的一个趋势。中华祖先给我们留下了珍贵的文化宝库，如果我们不加以利用，不仅是一种资源的浪费，也丢掉了我们的根本。我们讲传统不只是古老的传说，现阶段中国经济发展迅速，但国际上对我们文化符号的理解还是很简单、很单纯的。比如大家对我们的理解就是旗袍、唐装、熊猫、兵马俑，真正民族的文化在世界范围理解的很少，这与我们目前的国际影响力是不相符的。

不久之前，我担任了全国少数民族服饰设计大赛的评委，大赛作品中有很多匠人做的衣服使我感觉到非常惊喜（图33、图34），每一个系列都给人耳目一新的感觉。说来也很奇怪，少数民族服饰的纹样、款式也是千百年流传下来的，但却仍让人感受到旺盛的生命力，而不是陈旧与枯燥。人们可以从中感受到各民族文化的生命，并通过灵巧的工匠将其转化为艺术、服饰符号展现出来，这些是可以穿在身上的民族故事。中华民族有五十六个民族，其中所蕴含的东西非常丰富，这种服饰资源在世界上是绝无仅有的，中国拥有着最丰富的服饰文化宝库，其中包括各种各样的纹样、色彩、工艺、形制等。这些元素我们怎么应用到当今的设计中？

图 33 民族服饰设计作品 1

图 34 民族服饰设计作品 2

我们有这么多宝藏，这么丰富的传统民族服饰资源，这些应该都是我们原创设计的自信，我们的自信来源于这些宝贵的资源。在过去的三十年间，我曾经几次到过少数民族地区。2018年，借一个服装发布会的机会，我到了贵州的苗寨，看到很多很多古老绣片，我本来带了5000元的现金想买点绣片，结果因为每一个都是精品而难以割舍，就买了15万元，其中包括了绣片和60件衣服（图35、图36）。

　　大家当下看这些美丽的苗绣，不再是看绣的工艺，而是体会其中生动的文化符号和极高的艺术审美性，我认为这些在现在也是非常时尚的东西。我们要学习传统的东西，不一定是原封不动、全面照搬，而是可以选取一部分，吸收某一个点并结合当今的时尚，这就是我们所要做的工作。

图35 贵州苗寨的苗绣1
（陈闻提供）

图 36 贵州苗寨的苗绣 2
（陈闻提供）

二、原创的自信来自传统

　　原创的自信来源于传统文化，目前虽然有很多设计师在国际时尚周办秀，但是我们的传统文化、民族文化的表达却很不明显。2018年，设计师郭培在巴黎的秀，我认为找到了中国设计师的方向（图37）。她将东方元素与西方哥特式的建筑元素结合在一起，这样使中国传统

图 37-1 Guo Pei（郭培）2018 春夏高级定制系列   图 37-2 Guo Pei（郭培）2018 春夏高级定制系列

的、民族的文化符号的现代设计有了希望。我们的文化并不是把少数民族衣服拿到国际上，也不是把传统古老的东西拿到国际上，而是抓住其中的精神元素、文化元素，仅仅是利用造型的一个点、色彩的一个点、工艺的一个点，这样的一点一点就可以创造奇迹。

图 38 系列是学生所做的设计,和少数民族工匠做的不一样,对灰色的色调做了一些演变和改造。

图 39 是把少数民族工艺与现在的工艺相结合,使之简单化。设计中只是将十字绣放大,再用一点特征元素起到画龙点睛的作用,就比原封不动的照搬要好很多。我们要运用创造力和创新思维的方式,而不是生搬硬套、全面照搬传统。

图 38 民族服饰设计作品 3

2018年，我带学生参加英国爱丁堡艺术节时做了一系列旗袍，旗袍完全采用现代面料，使用了一种牛仔布的面料和现代高科技激光雕刻工艺，这些工艺让旗袍打破以前传统的古老旗袍元素，使用了现代的设计和工艺（图40），把中国的纹样跟西方的纹样结合起来，这是创造现代时尚的一种表现。

图39 民族服饰设计作品4

图41的设计引用了山东潍坊木版年画的错版印,"将错就错"地用错版的效果印到牛仔布上,牛仔布经过水洗,呈现出斑驳的效果。

图42的服装融合了很多元素,把牛仔的拼接共同色块跟八路军当年穿的衣服结合起来,是一种现代和历史结合的创新,也代表了一种精神、一种情怀。

图40 英国爱丁堡艺术节展示作品
(陈闻提供)

东西——从服饰看东西方文化对比碰撞 069

图 41 2017 时尚上海——"闻所未闻"CHENWEN Studio 陈闻专场发布会
（陈闻提供）

图 42 陈闻"把圆画方"专场发布会
（陈闻提供）

三、创造力与思维方式

全盘照搬民族传统，在现代肯定是不合适的。设计师必须有一种创造性的思维，去思考怎么理解现代人的生活方式、怎么跟现代时尚相结合、怎么通过国际化的交流让外国人理解我们的东西。未来时尚的格局会重新改变，东方的元素会越来越受到关注。当年日本设计师将东方的风格带去了巴黎，而东方的风格不仅仅是日本的和服。某一种服装本身都不能完全代表某种文化，其中所蕴含的精神才是服装的精髓。今天，中国精神、中国自信、中国梦都会变成一种时尚。

想让世界认识中国、了解中国，需要东西方文化求同存异。图43是西方的斗牛服装，这个斗牛服装来自斗牛城市阿尔勒，我采风时发现斗牛服装跟少数民族服装、中国传统服装有相似的纹样，这些纹样在设计中可以被结合起来，形成一个互联的通道，不断地学习和理解是互联的关键。我用了20年时间参观了欧洲将近200个大大小小的博物馆，有一些服饰博物馆在乡村里面，小镇上也会有很小的服饰博物馆，里面只保存了寥寥几件衣服。只要我们带着探索求知的眼光就会发现西方也有一些古老、传统的东西值得我们学习。

西方的生活方式和我们不同，中国人的衣食住行和西方也有不同，只有找到差异化，才能找到共通的语言。例如，西方人喜欢在户外进餐，不管是晴天还是雪天，都拿着冰啤酒在外面喝，喝一晚上也不吃菜，这是他们的文化。而我们要吃火锅，要暖暖和和的，这是文化的差异。当然人的思想、审美也不同，这也是文化的差异。为什么我们觉得好的东西西方人不一定认可，要找到一种"比较"，找到差异化，这样我们才能成为国际大家族的成员，而不只是作为一个民族服饰去表演，那就是一场表演而已，不能称之为时尚。

图 43 引自《阿尔勒民俗服饰》
（陈闻提供）

东西方设计师的思维方式也是不一样的。从古代到现代的服装造型，我们跟西方是不一样的，我们始终用平面化的造型，他们则是立体的造型（图44、图45）。所以，现在欧洲的服装，对身材身体的研究、对服装造型的研究可能比我们要深远一些。不同的生活方式会造成文化的碰撞。

近20年我去了欧洲很多地方，画画、参观博物馆，也真正理解了西方的绘画。以前中国人画油画就像西方人写书法一样，不是发自内

图 44 服装立体造型 1（陈闻拍摄于法国蒙彼利埃 Jean-Marie Périer 摄影展）

心的。而我们看到西方的油画有着发自内心的色彩,那种笔触不是造出来的,很多皇家美术学院的画是事先构思好的,是一层一层涂上去的。西方的油画是随意且有感情的,像我们画国画一样有着生动的效果,对颜料和素材的理解也是完全不一样的。

我在法国南部看到博纳的风景画,理解了什么叫色彩、什么是色彩魔术师。看到印象派,我就知道什么叫欧线。色彩对我个人的创作影响很大,我们必须要找到一种共通的设计语言。

图 45 服装立体造型 2(陈闻拍摄于大英博物馆)

图 46 的这个系列设计于 2018 年 3 月份发布。2017 年冬天圣诞节时去爱尔兰看到的斗牛服装给了我造型上的灵感,回来又看到苗族施洞的刺绣,这是把两者结合起来的设计成果。现在,我找到了东西方共同的设计语言。

图 46 陈闻设计手稿 1
(陈闻提供)

图 47 是我在民宿里随手画的，创作之前没看任何流行趋势，不去看大牌设计师、年轻设计师的作品，我只做我自己的事情，这是我随手画且不参考任何东西的设计。我将牛仔夹克拉长，赋予它一种意大利文艺复兴油画中的效果。

图 47 陈闻设计手稿 2
（陈闻提供）

我觉得相互交流非常重要。有很多外国记者问，为什么中国的设计师在国际上显得那么"弱"，为什么参加国际大奖时，中国这一大国似乎没有一个很强大的特征。我认为这正是缺乏交流的缘故，这里的"交流"不是文化交流、文化交往，而是缺乏设计语言上的交流，其实就是我们对国际设计语言的交流和本民族的东西如何产生一种共鸣的问题。当我把一些西方造型和东方造型结合起来，忽然发现很多西方服饰与军装、民族服饰、农民服饰都有很强的联系。

文化有差异和比较才能产生碰撞，这种碰撞在现代人审美中是一种能够接受的"语言"，彼此融汇、相互交流，你中有我、我中有你，东西方的设计元素不是两种不同的东西，而是人类共同发展过程中无言相似的过程。前年我在意大利小镇上看到很多壁画，这些壁画的色彩对我影响非常大，我想着如何将这些色彩以及对审美的敬仰应用到服装设计中。宗教题材、审美题材的壁画在每个教堂都有，同一个题材每一幅画都不一样，同样的东西可以把它做得非常丰富。我认为很多设计师还有我们的学生都被禁锢了，包括很多出国留学的研究生，这些学生毕业以后留学，我问他们"你想要什么？"，一个人如果不知道自己想要什么，那他即便看了很多东西也不能理解其中的内涵。

图 48、图 49 中的服装是我把木版年画印到牛仔上的一个系列，采用京剧、昆曲的元素与牛仔结合，是将传统的东西分解构成、形式放大、抽象形式、形神兼备。要分解构成，不能一眼看出"这就是一个苗族刺绣""这是一个东方壁画"，这样就太直白了，形式要放大、要抽象、要形神兼备，不能太拘泥于形。我们理解古人、传统的东西里有神韵，这种神韵能够作为我们的设计的灵魂，是比"形"还要重要的，这个作品系列中可以看到少数民族的一些服饰和刺绣的融合。

图 48 陈闻"闻所未闻"主题发布会 1
（陈闻提供）

图 49 陈闻"闻所未闻"主题发布会 2
（陈闻提供）

图50 "COTTON USA"陈闻 2019 秋冬系列作品
（品牌提供）

图 51 "COTTON USA"作品 1（品牌提供）

图 52 "COTTON USA"作品 2（品牌提供）

我们的思维方式还没有打开，很多的设计因为思路问题受到了限制，我们创意设计应该进行优化，应该将很多传统中国民族元素作为一种美好的设计语言。

图 50～图 52 是我刚刚发布的一个系列，把香港文化和武侠文化的影响相结合做了一个系列。帽子是在梵高的画里面看到的灵感的产物，服饰上是中国汉字的分解，也是一种设计语言。

东方遇见西方，传统遇见现代，民族遇见世界。本系列设计将我国的苗族刺绣与牛仔面料巧妙地融合起来，使这种传统的民族文化遗产呈现于当代时尚潮流。精致华美的劈线绣以及象征意义的图案故事，精细的手工刺绣怎能与粗犷的丹宁牛仔同出一框？牛仔设计的创新理念层出不穷的设计师陈闻将目光投向了东西文化的融合和碰撞，使其设计更独树一帜、更具原创性（图53～图62）。

图53 "锦衣载道——当代中国风格时尚设计大展"陈闻作品展示1
（摄影：田占国）

作品主题

东 西

图 54 "锦衣载道——当代中国风格时尚设计大展"陈闻作品展示 2
（摄影：田占国）

图 55 "锦衣载道——当代中国风格时尚设计大展"
陈闻作品局部 1
（摄影：田占国）

图 56 "锦衣载道——当代中国风格时尚设计大展"
陈闻作品局部 2
（摄影：田占国）

图57 "东西"系列作品
（摄影：田占国）

图 58 "东西"作品 1
（摄影：田占国）

图 59 "东西"作品 2
（摄影：田占国）

图 60 "东西"作品 3
（摄影：田占国）

图 61 "东西"作品 4
（摄影：田占国）

图 62 "东西"作品 5
（摄影：田占国）

全球背景下的中国风格的探索

赵卉洲

赵卉洲，EACHWAY"艺之卉"品牌创始人、首席设计师
获 2018 年度"中国时装设计金顶奖"

周 胜

周胜，"艺之卉"时尚集团有限公司董事长

中国风格的理解与探索离不开理论与实践相结合。高校的服装设计教育传授给学生理论知识，而市场上的服装品牌就是基于这些理论知识所进行的设计实践。在上海打造时尚设计之都的过程中，高校的服装设计教育显得尤为重要，东华大学作为国内设计人才的一大输出平台，为中国培养了很多有名的设计师。

理论研究的内容，通常是学者们几十年来总结出的经验，信息量过于丰富，学生们很难在短时间内融会贯通。因此，"艺之卉"品牌与高校教师探求合作，高校负责做理论研究，品牌方负责实践探索，推动理论与实践有机结合下中国风格的探索。

东方范式的概念很难用文字进行准确界定。对于如何表现东方风格，每个人更是抱有不同的见解。东方范式能够让人们联想到上海最早东风西渐或者是西风东渐的碰撞，也可以将思路拓展到远古的图案，包括当时的生活方式对现在所产生的影响。服装品牌想要将东方风格运用到现代时装中，必然要去探讨近两百年来东方风格对世界审美观念的影响。就目前来说，中国在世界范围内影响较大的几种文化承载有瓷器、丝绸、茶叶，主要通过丝绸之路流通到各个国家并闻名于世。而旗袍作为一个东西交流、东方文化逐步崛起的象征，是从上海开始的，见证着特定时期时尚先锋文化的创建。旗袍作为当时的改良产品，面向思想进步的青年而推出。

图 63 电影中的旗袍造型

电影《花样年华》是东风西渐现象的典型案例（图 63），这些精致典雅的复古旗袍由上海手艺高超的老匠人们为影片定制而成。在现代电影里同样出现了很多复古服装造型，现代的戏服并未将历史中的服装样式完完全全照搬过来，而是以现代观念解读传统服装，演变出新的式样。制成的旗袍穿在现代演员身上，让观众拥有耳目一新的视觉体验。

放眼国际时装周的舞台，越来越多设计师开始了解中国文化，并将其化作灵感融入自己的作品中，这部分归因于中国经济的崛起。巴黎世家（Balenciaga，图64）、普拉达（PRADA，图65）等品牌相继使用中国的传统元素，其中包括立领、盘扣等传统旗袍的元素（图66、图67）。

图64 巴黎世家（Balenciaga）发布的中国风时装　　图65 普拉达（PRADA）发布的中国风时装

图 66 艾尔丹姆（Erdem）发布的中国风时装　　图 67 拉夫劳伦（Ralph Lauren）发布的中国风时装

在过去,赋予东方概念新定义的权力掌握在中国本土设计师手中,最高的研究成果与最好的呈现效果也必然掌握在中国设计师手中。而今中国风格站上了世界舞台,成为全球背景下人类共有的灿烂遗产,未来中国风格的传承与创新不仅仅是属于中国人的。因此,"艺之卉"品牌不断为中国风格的国际化表达做努力,最开始的"艺之卉"主要围绕"东方人气质"国际化的表达,十年以后创立了"HUI——时光里的经典女人"品牌,着重研究如何将文化和产品结合,产品如何表达文化。一个具体的设计不可能面面俱到地表达,因此只能突出重点,让穿着对象感受到服装背后的文化支撑,存在较为复杂的转换过程。"艺之卉"曾经做过一个针对年轻人的品牌"SOFA(沙发)——我有我的位置",也尝试过"非遗"的再造,提出"设计扶贫"的概念。未来力求把文化融入产品里面,做好"艺之卉"博物馆、美术馆。"艺之卉"创业产业园的筹备与规划,都是为了设计一件好的衣服而做的长期努力。

探索中国风格的最后一步就是研究这件衣服该如何做。作为一个服装专业的学生或是品牌设计师,常常萌生出模糊的想法,却没有具体的路径去实现,于是我们从1997年就开始着手做一个属于中国的设计师品牌。

刚开始我们希望传达气质、传承、优雅、自由、灵动、简约、清新、自然和自信的理念,但在设计表达方面无从下手。后来想到了"鱼"的概念,看起来没有攻击力的鱼,超越了所有的自然周期和生命周期存活到现在,而当年极为凶猛的动物——恐龙已不复存在。鱼也是一种意蕴,它不仅仅是中华文化中的一种图腾,同时也不得不令人感叹它在自然界中的生命力。从品牌图腾的探索中可以引发我们更深层次的思考：有了文化诉求以后，如何为设计注入文化的基因？毕竟一件衣服比起服装背后复杂的理论体系是简洁的、直白的，不可能表达所有含义。因此如何合理且创新地体现出背后文化和元素，成为品牌的主要研究方向。

2014年"艺之卉"参与了APEC会议服装的主创设计，主办方当时在全国进行海选设计师和供应厂商进行服装设计，并提出了"新中装"的概念。什么样的廓型或者元素才能体现新中装之"新"？大众对于中装的普遍理解，还没有跨越中山装的高度。这个时代如何超越这样的高度，是一个不断探索的过程（图68）。

"艺之卉"品牌的另一项诉求是如何用国际化的方法表达出传统东方的精神。"艺之卉"刚开始做国际发布时，中装产品进入国际市场存在非常大的壁垒。在国际的展览会上，外国人看到中国设计时，首先好奇是否出自日本设计师之手？中国产品的价格往往令外国客户望而却步，因为实际上他们的诉求是从中国展厅找到便宜产品，但优质的产品定然不可能价格低廉。在外国人缺少对中国时装的重新认识前，高定位的中装产品很难进入国外市场。

近年来"艺之卉"开始涉足各大国际时装周，通过与国际品牌比肩来感受世界的时尚、东方的时尚、中国的时尚。中国时尚进入世界时尚前，要考虑如何与韩国的产品、日本的产品比拼。许多早期的日本设计师之所以能被西方所接受，是因为他们巧用西方的表达方式，让世界产生认同感。因此，中国设计师未来所要面对的巨大挑战，是如何用东西方共通的方式来表达中国风格。

图 68 "新中装"的设计图
（赵卉洲提供）

2015年"艺之卉"首次参加米兰时装周（图69），配合时装周进行中国文化的展览；2018年以及2019年2月也分别在米兰时装周做了发布。米兰时装周为了维护在时尚届的国际地位而设置了诸多门槛，通过参与国际时装周，中国设计师与品牌逐步走向时尚主场，和国际品牌一起，探寻两者差距，寻找适合我们自身的竞争路径。

回顾"艺之卉"的发展历程，它在激励与鼓舞中成长为一个成熟的服装品牌。本土品牌与设计师是理论创建的实践者与丰富者，可以把中国的案例和世界的案例结合在一起，更好地讲述中国风格。

图69 HUI ZHOU 2015 米兰时装周作品
（赵卉洲提供）

东方的独特审美与生活方式息息相关，"艺之卉"勇于把中国的生活方式推介到西方，促成东西方在审美方式上的交流互通。如何将本民族的语言推到生活方式中去，最后形成一种文化？特定的元素没有连贯性和长期使用不可能形成一种完整的文化。因此"艺之卉"一直追求的是：传承、创新、整合，设计出超越国家地域的产品，变成世界的文化和世界的产品，让当代世界文化最高的成果中出现中国风格设计作品的身影。

2019年，中意文化艺术交流"设计中国"展于3月20日在罗马国立当代艺术博物馆隆重举办，"艺之卉"也有幸参与了展览。世界各地不断涌现出多样的中国文化传播方式，包括德国的中国文化新年等（图70）。在国际展览会上不仅设置了动态零售，而且每次都会配有文化展览的版块，向西方宣传刺绣等传统手工艺文化。参展既是为

图70 2017 欢乐春节·中国风格艺术设计展
（赵卉洲提供）

了达到展示现代设计的目的，也同时为了推广中国传统非物质文化遗产的改造（图71）。在设计的传承和设计的现代表现中，意大利非常值得我们学习。如何吸取意大利的长处，结合本土品牌与设计师的长处，比肩共行、共创美好，是"艺之卉"品牌的未来憧憬。

中国在用不同的方式参与到世界的设计发展进程中，未来中国传统设计元素怎样参与到国际化发展之中，是中国本土设计师的共同目标。要将服装行业的商业行为高端化，同时融合自身的文化背景，表达出更丰富的文化品位。中国的设计具有极强的潜力，后来居上，美美与共，参与到国际一流的竞争之中，这就是"艺之卉"品牌多年来的一点探索。同时，"艺之卉"也在不断参与时尚资讯的发布，定期在国内出品时装大片，将时装周的平台整体打通，憧憬着早日把中国的文化推上世界舞台。

图71 2015年9月"记忆的空盒子"艺术展
（赵卉洲提供）

作品主题

筑造·DOMUS

设计灵感浓缩为拉丁语"Domus",演绎关于"家"的概念,运用独特设计语言,打造全新系列时装。时装与女人,亦如同我们与家的关系。由时装构造的立体空间,既是具象的身体建筑,更是有形的心灵归所。无论何时何地,筑造让着装者熟悉且舒适的空间,是时装的使命(图72 ~ 图80)。

图72 "锦衣载道——当代中国风格时尚设计大展"赵卉洲作品展示1
(摄影:田占国)

图 73 "锦衣载道——当代中国风格时尚设计大展"赵卉洲作品局部 1
（摄影：田占国）

图 74 "锦衣载道——当代中国风格时尚设计大展"赵卉洲作品展示 2
（摄影：田占国）

图 75 "锦衣载道——当代中国风格时尚设计大展"赵卉洲作品局部 2
（摄影：田占国）

图 76 "筑造·DOMUS"系列作品
（摄影：田占国）

图 77 "筑造·DOMUS"作品 1
（摄影：田占国）

图 78 "筑造·DOMUS"作品 2
（摄影：田占国）

图 79 "筑造·DOMUS"作品 3
（摄影：田占国）

图 80 "筑造·DOMUS"作品 4
（摄影：田占国）

时尚审美哲学:静、深、富

陈野槐

陈野槐,GRACE CHEN 品牌创始人

"中国风"不是一种符号，也不是一种表象，而是一种精神。中国传统文化博大精深，美好的事物数之不尽。反观当下现实生活，我们时常感慨自己的生活与美好事物的距离。作为中国的设计师，我常常感受到"传统"带来的责任感，并努力寻找传统的中国文化与现代生活的交集。

一、时尚是个人看待世界的方式

时尚实际上代表了个人看待世界的方式，也是个体希望世界怎么看他的一种方式，即一种非常个人的世界观，当很多这样相同的世界观聚合时，便形成了文化。

2017年，我们去非洲肯尼亚的沙漠进行了一场时尚拍摄。由于从未去过非洲，我根据自己对非洲的想象，包括小时候看的电影、小说，进行了一系列的服装设计。我认为的非洲风格应该具备两种结合在一起的特征：一是非洲原始狂野的色彩基调；二是外来文化影响下的优雅的风格。最终，我选择了跟自然更贴近的色彩，与沙漠相近的银色、灰色、金色的色系，营造出非常优雅的服饰系列。其中，最有趣的是一件红色的礼服，与当地本土服装和凭借想象设计出的服装非常形似。当拍摄的模特在沙漠上奔跑时，她与周围的环境，与旁边的长颈鹿、斑马、大象完全契合，犹如融于这片土地上的精灵。这种真实的视觉感受着实让人印象深刻。不得不说，时尚是人性的表达，在这一点上所有的人都是一样的，无论肤色或文化背景。

在过去的几年里，我们团队经常到国外办秀，也常常进行世界范围内的时尚交流，并创立了"时尚旅行"，即带领客户和朋友去往世界各地参与时尚活动，包括办秀、拍时尚大片等。一般情况下，我们随行带许多服装进行搭配。到达场地后，大家穿着美丽的服装纵情游曳，摄影师便用镜头捕捉下来最真实的场景，让每个人都散发出自然的魅力，视觉效果呈现出朴实之美。

二、高明的设计最能发觉美的共性与本质

通常，越接近审美本源的东西，涵盖面就越大，且相互之间的融合度就越高。比如，一束鲜花放在任何一个背景下，无论是教堂里、教室里或是现代玻璃建筑里、古老的木头房子里，它都能与整体环境适配构成极为融洽的氛围，一束花跟什么都是相配的。但是，一盏台灯的局限性就相对大了些，可能仅仅放在某一个风格的房子里面才融洽，所以会面临背景的选择。融合度如同灯塔一般，灯塔越高，其散发光线的覆盖面就越大；灯塔越低，就越个性化、越特殊化，其覆盖面积就越小。所以，我坚信一个高明的设计师一定是能够最大限度找到共性的人，即能发觉审美本源的人。

一些经典的品牌，如迪奥（Dior）、香奈儿（Chanel），经典的款式往往更能接受时光的打磨，这些衣服都属于接近本质的美。同样地，从商业的角度来讲，一个设计越接近事物美的本质与共性，喜欢的人就越多，其商业价值就越高。开始学习设计时，我们得到的信息都是

要求个性化，要追求个体的不一样，个性化永远都是一个标签，个性化是每一个人必须追求的东西。但我不这样认为，"共性"具有打动所有人的特质，要达到这个目标，其实比追求个性更不容易。设计一旦找到了"共性"，便会发现一件衣服穿在不同人身上都是好看的，无论这些个体的体型、气质、文化背景多么的不一样。

三、服装和人之间需要达到精神上的契合

要想准确地传达时尚，首先要让别人能够理解你想传达的时尚，所以我们需要考虑时尚与人之间的关系。实际上，当别人喜欢你的衣服或穿衣风格的时候，他也许并不是喜欢衣服本身，而是喜欢你穿上这件衣服时呈现的整体气质。所以，服装不仅仅是包裹人类的外壳，更是穿着者精神的表达。消费者有时会对往年热衷的国际时尚品牌突然间失去兴趣，是因为他们觉得这些品牌和自身之间失去了精神上的沟通，现在这些衣服无法反映出他们当前的精神状态。消费者需求与品味的进步，使服装设计不断面临着巨大的挑战。

四、品牌的时尚审美哲学："静、深、富"

衣服最终还是要体现在造型、颜色以及具体的设计风格和工艺上。根据对东方女性美的理解，对中国文化以及对时尚价值的理解，我认为时尚审美哲学的三要素为"静、深、富"。

"静"，即安静，是对中国文化传承的理解，代表着中国文化的优美意境，以及中国人的含蓄和浪漫，是中国人所崇尚的精神状态。"静"并不是指没有声音，或静止不动的东西，而是承载着巨大能量

的平衡，是一种非常玄妙的感觉，具有极强的涵盖性。中国的书法、绘画、诗歌，甚至武侠小说都可以用"静"来表达。

"深"，即深刻，代表个性，这与上文强调的共性并不冲突，因为每一个人对共性的理解是不一样的。设计师最终的作品不是衣服，而是人。中国文化里很多东西都是这样的，貌似谦虚柔和，里面却内劲很足，即是所谓的"深"。

"富"是丰富的意思。西方人对于女性审美判断大部分都是基于性感魅力，而中国对于女性要求特别高，要求内外兼修，不仅要具有形象上的美，同时又要内心很强大。故而，以"富"这个词来表达中国女性的审美观。

以上是我理解的"静、深、富"，我以这一审美哲学为基调，再去设计衣服（图81）。

对于女性来说，最重要的是了解自己是一个有魅力的人，即自信、自尊、自爱。对于中国的设计师来说，我们都怀着赤子之心，我们也确实肩负着传承深厚中国文化的重任。不能忘记，我们是为人做设计，是为所有的人去创造一种生活方式，需要从人的角度、从当代的角度去进行设计。

时尚审美哲学：静、深、富 109

图 81 陈野槐作品展示

本系列作品以西式裁剪审美加以中式精妙工艺点睛，勾勒出中国女性独特的优雅曼妙线条之美与气质，意欲解读与塑造一种全新的东方女性形象。设计风格中西合璧、刚柔相济、大气优雅。工艺上，设计师在娴熟运用立体裁剪的基础上，将编织、流苏、立体盘花，甚至少数民族的锡绣、马尾绣等，巧妙地融入高定作品中（图82～图91）。

图82 "锦衣载道——当代中国风格时尚设计大展"陈野槐作品展示1
（摄影：田占国）

作品主题

Landscape of Hearts
内心风景

图 83 "锦衣载道——当代中国风格时尚设计大展"
陈野槐作品展示 2 及局部
（摄影：田占国）

图 84 "锦衣载道——当代中国风格时尚设计大展"陈野槐作品展示 3
（摄影：田占国）

图 85 "锦衣载道——当代中国风格时尚设计大展"陈野槐作品局部
（摄影：田占国）

图 86 "Landscape of Hearts 内心风景"系列作品
（摄影：田占国）

图 87 "Landscape of Hearts 内心风景"作品 1
(摄影：田占国)

图 88 "Landscape of Hearts 内心风景"作品 2
(摄影：田占国)

时尚审美哲学：静、深、富 115

图 90 "Landscape of Hearts 内心风景"作品 4（摄影：田占国）

图 91 "Landscape of Hearts 内心风景"作品 5（摄影：田占国）

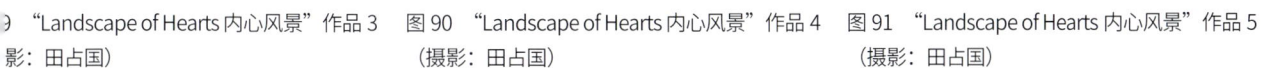

艾德莱斯
——非遗，活在当下

程应奋

程应奋，新疆艾德莱斯研发推广中心设计总监
中国十佳服装设计师

新疆地处世界四大古文明的交汇点，是多民族、多宗教、多文化并存的地区，拥有 13 个世居民族，产生了丰富多彩的文化，尤为突出的是来自古丝绸之路上的"艾德莱斯"文化。

一、艾德莱斯绸及其特点

据考古发现中记载，艾德莱斯有将近 2000 年的历史。"艾德莱斯绸"是由维吾尔族人生产的本地土产丝绸，是维吾尔族妇女最喜爱的服装面料，主要产于和田市、喀什市、莎车县等地。"艾德莱斯"为维吾尔族语，意为经过扎染的丝织品。这类丝绸采用我国古老的"扎经染色"工艺，即按图案的要求，在经纱上扎结，进行分层染色、整经、织绸。染色过程中，经纱因受染液的渗润，形成自然的色晕，视觉效果参差错落，疏散而不杂乱，既增加了图案的层次感和色彩的过渡面，又形成了艾德莱斯绸纹样富有变化的特点。

工艺方面，艾德莱斯绸最显著的制作技法是扎经染色，且这一过程只经口口相传，历史上没有文字记载。由于采用手工织造，为了方便接梭，被选取的面料一般情况下幅宽为 45 厘米，所选的原料是当地的生丝。近年来，和田当地的桑树逐渐减少，所以开始从内地采购原料。传统染料的原材料采用当地的矿物质和植物，如核桃皮、葡萄籽以及沙漠上的矿物质。

艾德莱斯绸的花型设计也突出了其独特风格。和内地的染织方法不一样，它所有图案的设计均需要在经线上进行，即在 45 厘米的宽度里（线的数量平均为 2000 根左右）。而所谓的设计环节，就类似于扎染设计，艾莱德斯绸只扎染经线，根据需要呈现的最终视觉效果进行多次反复扎染，其中不需要被染色的部分用玉米皮、塑料皮扎紧，以防止上染。扎染完成后还需要整经，即剥离扎紧的结，进行晾晒。经纱晾干之后打开，工人进行拼花，将扎经染色完成的纱线进行分组，再穿经绕成经轴，最终纱线排列上机，纬纱经由梭子无数次来回穿梭，最终完成艾德莱斯绸的制作（图92）。

图92 艾德莱斯绸的制作过程
（程应奋提供）

无论是扎经还是整经，这些过程都需要依靠技巧，且过去在传承过程中是传男不传女，虽然现在女性也参与了进来，但图案的设计依然完全掌握在男性手里。扎经染色作为整个艾德莱斯面料最核心的部分，其中的工艺技巧更是难以言传。和田的吉亚乡非常适合种桑树和养蚕，当地产的丝绸品质精良。在采风中，我们在当地匠人手里订做一块面料，他们随即就会在绷床上面去画点，这个点用来决定扎经的位置，经验造就了他们在画点的时候不需要通过丈量或依靠任何参照物。

值得一提的是，这些由扎经而形成的图案风格与家族、支系都有着重要联系，一家人或一个支系都遵循着同一种风格和审美。当一个支系不再制作后，该支系所掌握的图案品种便失传了，这也是艾德莱斯绸珍贵的原因之一。另外，手工制作过程中人为的手松、手紧，也使得艾莱德斯绸作品具备唯一性；同时面料的渗透变化也相当微妙，其产生的自然过渡是数码印花无法替代的，最终呈现出类似国画飞白的特殊效果。艾德莱斯绸的纹样主题各异，包括动物、植物、器物等（图93）。

图93 风格、题材各异的艾德莱斯绸图案
（程应奋提供）

二、艾德莱斯绸的非遗传承现状

艾德莱斯绸在非遗传承的过程中面临着一些困难。其一，面料的生产与社会接轨之间存在问题，即面料染色无标准，目前无法产业化。当扎好后的面料放在染缸里去浸染时，浸染时间的长短会造成面料的色差，导致色牢度的问题，国内很多服装生产厂家了解到面料可能产生色差时都表示不能接受其作为服装原料。

其二，农村匠人对现代纺织业技术缺乏了解，染色方法逐渐失传。譬如，当过去需要的传统染色原料无法获取时，当地匠人便会去市场上买现代化学染料来替代，但他们却不清楚现代染料正确的丝绸染色方法，而最终造成面料的色牢度不够。

其三，图案意义的遗失。艾德莱斯绸的纹样与当地宗教、文化，甚至饮食习惯都存在紧密联系。在当地人心目中，手口相传了将近两千年的纹样都有着神圣的含义，例如女孩成人礼，家里送礼物一定会送一块艾德莱斯的面料，它具备特殊的意义。而现在，这些纹样的寓意我们几乎已无法得知。在进行田野调查的过程中，当地手工艺者大部分都无法说明自己做的图案的意义，只表示均由家族一代代传下来。

三、当代艾德莱斯的宣传与推广

作为"非遗"，如何让人们将之传下去是需要首要考虑的。我们的目的是希望让"非遗"产品能够走进人们的生活。过去，人们往往只考虑产品的实用性，而对于这些传统的工艺来说，每一件非遗产品都不仅仅具备商品的价值，它更是一件凝聚着匠人们心血的作品。我认为当代艾德莱斯的宣传与推广应该从以下两方面着手。

第一，面料的推广。首先，在面料收集的过程中，我们时常被面料制作者以及他们对面料的尊重所打动、结缘。我们希望能够将新疆这一特色面料宣传出去，让更多的人知道、了解和喜欢，并让这些手艺人能够靠制作面料，在保存"非遗"的同时来维持和改善他们的生活。上文提到在艾莱德斯传承的过程中存在的问题导致很多家族已经不再去制作面料了。面对这一问题，政府做了很多努力，从2015年开始做了许多大型的艾德莱斯推广活动，如"艾德莱斯炫昆仑""艾德莱斯出天山"等活动，并让新疆设计师带着艾德莱斯的产品走进中国时装周、上海时装周、广东时装周等，极尽全部的力量去推广新疆艾德莱斯的产品和文化（图94）。

第二，衍生品制造。国际上，艾德莱斯的纹样也被广泛应用。新疆有很多的文化，但他们并不是新疆所独有的，同样，这个面料独特的纹样也流行于整个中亚地区，包括土库曼斯坦、乌兹别克斯坦、土耳其，它们在家居用品，甚至瓷器中都有应用。

总之，"艾德莱斯"跟其他文化相比，其独特优势在于它的发生地在"一带一路"上，刚好是"一带一路"上过去的"古丝绸之路"在南方重镇路过的交叉点，也是中国要走出去的交叉点，艾德莱斯绸是具有国际化特性的一种面料，很多纹样设计也被周边中亚国家认可，并且很多设计师都在用这种面料进行多品类设计。作为珍贵的文化遗产，我们更应该利用它做出更多、更好的设计方案与产品。通常情况下，我们讲求设计怎样能够有温度，希望通过我们的努力，让设计有温度，并能与民生结合在一起、与非遗文化传承结合在一起，这样的设计才是真正有意义的。

图 94 艾德莱斯绸文化推广活动
（程应奋提供）

作品主题

艾德莱斯出天山

艾德莱斯绸是一种有近两千年历史的手工丝织品，主要产区位于古丝绸之路上的新疆和田地区。这种丝绸采用我国古老的扎经染色法工艺，按图案要求，在经纱上扎结进行染色。一匹花绸的诞生，要经过扎经、染色、整经、织绸等多道工序。

本系列作品以隐藏千年魅力的艾德莱斯为创作主线，采用经典的黑白色系，与蕾丝、钉珠、羽毛等时尚元素相结合，意欲将这承载着厚重历史积淀的文化艺术、传统的优秀纺织品与现代时尚链接，与时间对话、与历史共存，让"非遗"走进现代生活，打造融合东西方审美的国际时尚品牌（图95～图103）。

图95 "锦衣载道——当代中国风格时尚设计大展"程应奋作品展示1
（摄影：田占国）

图 96 "锦衣载道——当代中国风格时尚设计大展"程应奋作品细节 1
（摄影：田占国）

图 97 "锦衣载道——当代中国风格时尚设计大展"程应奋作品展示 2
（摄影：田占国）

126

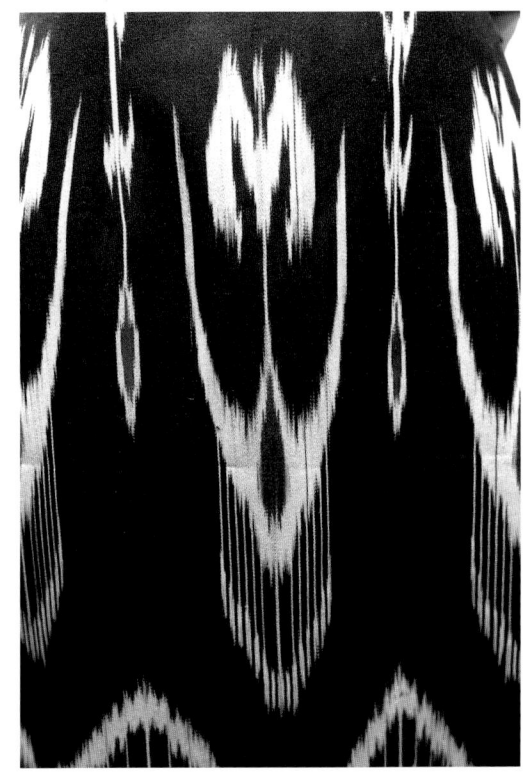

图 99 "锦衣载道——当代中国风格时尚设计大展"程应奋作品细节 2
（摄影：田占国）

图 98 "锦衣载道——当代中国风格时尚设计大展"程应奋作品展示 3
（摄影：田占国）

图 100 "艾德莱斯出天山"系列作品
（摄影：田占国）

图 101 "艾德莱斯出天山"作品 1
（摄影：田占国）

图 102 "艾德莱斯出天山"作品 2
（摄影：田占国）

图 103 "艾德莱斯出夫山"作品 3
（摄影：田占国）

非遗广绣与当代生活

屈汀南

屈汀南，GaryWat 汀南女装品牌创始人，广绣传承人
中国十佳服装设计师

粤绣早在20世纪70年代就被定义为"中国四大名绣"之一，它的特殊之处在于其工艺结合了广绣和潮绣两种绣法。从粤绣的历史来讲，它没有广绣与潮绣之分，从清代乾隆时期开始就一直被称作"粤绣"，后来人们才把它区分开，应是先有广绣才有潮绣。潮绣在"十三行"以后才慢慢发展成一个地方绣种，它是以盘锦、立体绣以及寺庙里的一些绣种为主，色彩非常绚丽；而广绣其实在唐代以后就有了，它的针法有收针、平针、散针、插针，发展到乾隆朝时更加成熟。因为"十三行"有许多工艺美术方面的出口贸易，才有了粤绣在世界上的发展史。毋庸置疑，刺绣需要传承，现在很多绣法都面临失传，设计师的责任不仅要在服装设计上将传统融入现代，而且要把传承与时尚及现代生活有机结合。

一、"非遗"广绣

广绣是以广州为中心的珠江三角洲民间刺绣工艺的总称，以构图饱满、形象传神、纹理清晰、色泽富丽、针法多样、善于变化的艺术特色而闻名。曾在明清时期被西方学者誉为"中国给西方的礼物"。

自明代以来，广绣产品一直以外销为主。清代中期到鸦片战争前的时期是广绣发展史上最为辉煌的时代，其发展繁荣离不开当时市场的繁荣和出口贸易的刺激,"十三行"建立的稳固贸易关系和贸易模式为广绣的发展提供了良好的外部环境。

广绣的针法主要有7大类30余种,包括直扭针、捆咬针、续插针等,广绣更讲究工艺针法搭配而不是配色。

中国丝绸博物馆收藏有一件香云纱衣服,其中的盘锦采用了广绣的针法。它的盘锦不是顺着方向,而是一种归拢在里面的针法,这是广绣的一大特点。香云纱是采用植物染料薯莨染色的丝绸面料,是世界纺织品中唯一使用纯植物染料染色的丝绸面料,被纺织界誉为"软黄金"。

有一件巴黎私人的粤绣藏品,连拼总共12幅,正好是12个节令。这幅画镶在一个古堡的餐厅里,花草部分是用烫金制作而成,鸟的部分采用了平针和散针的针法,12只鸟代表了不同季节的节令,上面的盘锦也代表了不同的节令。粤绣的布局非常丰满且色彩雅致,由于它在室内没有经过暴晒,所以保存得非常完好。

有一件乾隆皇帝朝服,上面的龙是用米珠绣的。现在苏州、诸暨有专门养这种米珠的,当时米珠在宫廷里被大量使用,头簪、点翠、扣子上很多都是这些米珠。朝服上的龙都是立体的,色彩迥异,其上红色的是珊瑚,白色的是珍珠,蓝色的是青金石,绿色的是绿松石。

真正手工制作时,所用的每根线都是不一样的,比如在花瓣跟海水之间的空间,用线越细越均匀则代表手工越值钱。中国有很多能工巧匠，传承人需要虚心跟老前辈学习，不能急功近利。另外中国的传统是讲究渊源的，师傅不教你永远悟不出来。

陈少芳女士是世界非物质文化遗产——广绣唯一传承人，她聚数十年广绣工艺的心血，成功创造了"陈氏广绣"独特的"丝线色彩构成法"，为广绣发展创新作出了杰出的贡献。陈少芳女士的手工作品无法进行产业化、标准化生产，因其工艺的神奇与独特保持至今。

缂丝是中国传统丝绸艺术品中的精华，采用了中国丝织业中最传统的"通经断纬"织造工艺，是极具欣赏装饰性的丝织品。缂丝十分奢侈，一寸缂丝一寸金。行业内说"聪明刺绣笨缂丝"，说明刺绣可以修改，但缂丝却没有修改的余地，做错了只能重新制作。

二、当下的广绣传承

对于"非遗"广绣在当代生活中的传承，当务之急是我们要有意识地保护。目前传承人十分空缺，许多厂家都面临倒闭。文创产品可以融合"非遗"与创意，将传统中精华、珍贵的部分良性地传承下去（图104、图105）。

图 104 当代广绣传承作品 1
（摄影：田占国）

图 105 当代广绣传承作品 2
（摄影：田占国）

非遗广绣与当代生活

作品主题

非遗广绣

广绣泛指古代广州府辖区的刺绣，主要分布在广州、番禺、顺德、南海等地。2006年，广绣作为一种传统的民间美术工艺、一种民族文化的积累与沉淀，被正式列入第一批国家级非物质文化遗产名录。

广绣中凝聚着历代艺人的天才与智慧，从艺术风格到创作思维都充满了岭南特色，其成长历程与岭南文化发展的轨迹紧密叠合在一起。现在，随着老刺绣艺术家的逝世和科技的发展，一些绝活已经逐渐失传，为了使得这门手艺能够传承下去，身为广绣传承人的屈汀南一直致力于推广"莨纱广绣"等传统岭南服饰文化。他认为，只有让广绣与时装结合，才能让老广绣走出新的道路，吸引更多的年轻一代参与其中，使其得以传承（图106～图114）。

图106 "锦衣载道——当代中国风格时尚设计大展"屈汀南作品展示合集
（摄影：田占国）

图 107 "锦衣载道——当代中国风格时尚设计大展"屈汀南作品局部 1
（摄影：田占国）

图 108 "锦衣载道——当代中国风格时尚设计大展"屈汀南作品局部 2
（摄影：田占国）

图 109 "锦衣载道——当代中国风格时尚设计大展"
屈汀南作品展示 1
（摄影：田占国）

图 110 "锦衣载道——当代中国风格时尚设计大展"
屈汀南作品展示 2
（摄影：田占国）

图 111 "非遗广绣"作品 1
（摄影：田占国）

图 112 "非遗广绣"作品 2
（摄影：田占国）

图 113 "非遗广绣"作品 3
（摄影：田占国）

图 114 "非遗广绣"作品 4
（摄影：田占国）

后 记

本书无论是理论研究部分还是实践探索部分的作者，都深深扎根于大学教育的沃土，开拓创新中国风格时尚设计不仅是学者和设计师肩负的重任，更离不开年轻学子的继承和发扬。希望本书能做为高等院校的教材为师生的创新设计提供思路，为新时代中国风格时尚设计的破圈突围贡献绵薄之力。本书是集体智慧的结晶，在此向付出心血的同仁和师生表达衷心的谢意！

首先，感谢吴海燕、李超德两位教授以及张肇达、陈闻、赵卉洲和周胜、陈野槐、程应奋、屈汀南等六位设计师和一位经营者，他们的精彩观点和作品，是中国学术界和设计界关于中国风格时尚设计的典范。

其次，感谢王晶以及李苏琴、徐小雯、马小红、刘祥宇五位老师，王晶负责本书的素材成文和作品梳理，其他四位老师积极参与编纂工作。可以说，本书的出版离不开博物馆全体人员的辛勤工作。感谢陈建力、田占国两位摄影师，本书中的展览和时装秀的现场照片均出自他们之手。书中一些图因故未能与作者联系到，感谢这些作者，请你们看到后及时与我们联系。感谢参与本书最后整理和校对的我的研究生同学们，她们由博士生郑宇婷带队，参与的硕士生有王冠华、王婷、郭敏瑞同学。

另外，还要感谢2019年参与"锦衣载道：当代中国风格时尚设计大展（第二回）"组织实施工作的所有老师和同学们，感谢联合策展人田占国先生，特邀评论员包铭新教授、李超德教授、陈建力高级记者，参展设计师（按照姓氏笔画排列）吴海燕、张肇达、陈闻、陈野槐、屈汀南、赵卉洲和程应奋七位老师，还有展览设计的诸葛阳老师和焦桂之、张玲、张瑞璠同学，视觉设计的王亚明老师，模特统筹的徐幸芝老师，活动执行的李苏琴、马小红、徐小雯、王晶老师以及马晨曲、李林臻、鲁文莉、李梦珂、李想、陈美桦、张悦、何琳、孙雨畅、朱笑、周媛媛同学。

最后，感谢东华大学出版社的大力支持，感谢马文娟、朱笑和杜燕峰等编辑的辛勤劳动。

卞向阳

2021年12月19日深夜于东华大学延安路校区

图书在版编目（CIP）数据

当代中国风格时尚设计的知与行 / 卞向阳主编. --上海：东华大学出版社，2021.12
ISBN 978-7-5669-2026-3

Ⅰ.①当… Ⅱ.①卞… Ⅲ.①服装设计－研究－中国 Ⅳ.①TS941.2

中国版本图书馆CIP数据核字（2021）第276661号

策划编辑：马文娟
责任编辑：杜燕峰
封面设计：裴　瑜
装帧设计：上海程远文化传播有限公司

出　　版：东华大学出版社（地址：上海市延安西路1882号邮编：200051）
本 社 网 址：dhupress.dhu.edu.cn
天猫旗舰店：http://dhdx.tmall.com
销 售 中 心：021-62193056　62373056　62379558
印　　刷：上海当纳利印刷有限公司
开　　本：787mm×1092mm　1/16
印　　张：9.5
字　　数：238千字
版　　次：2021年12月第1版
印　　次：2021年12月第1次
书　　号：ISBN 978-7-5669-2026-3
定　　价：98.00元